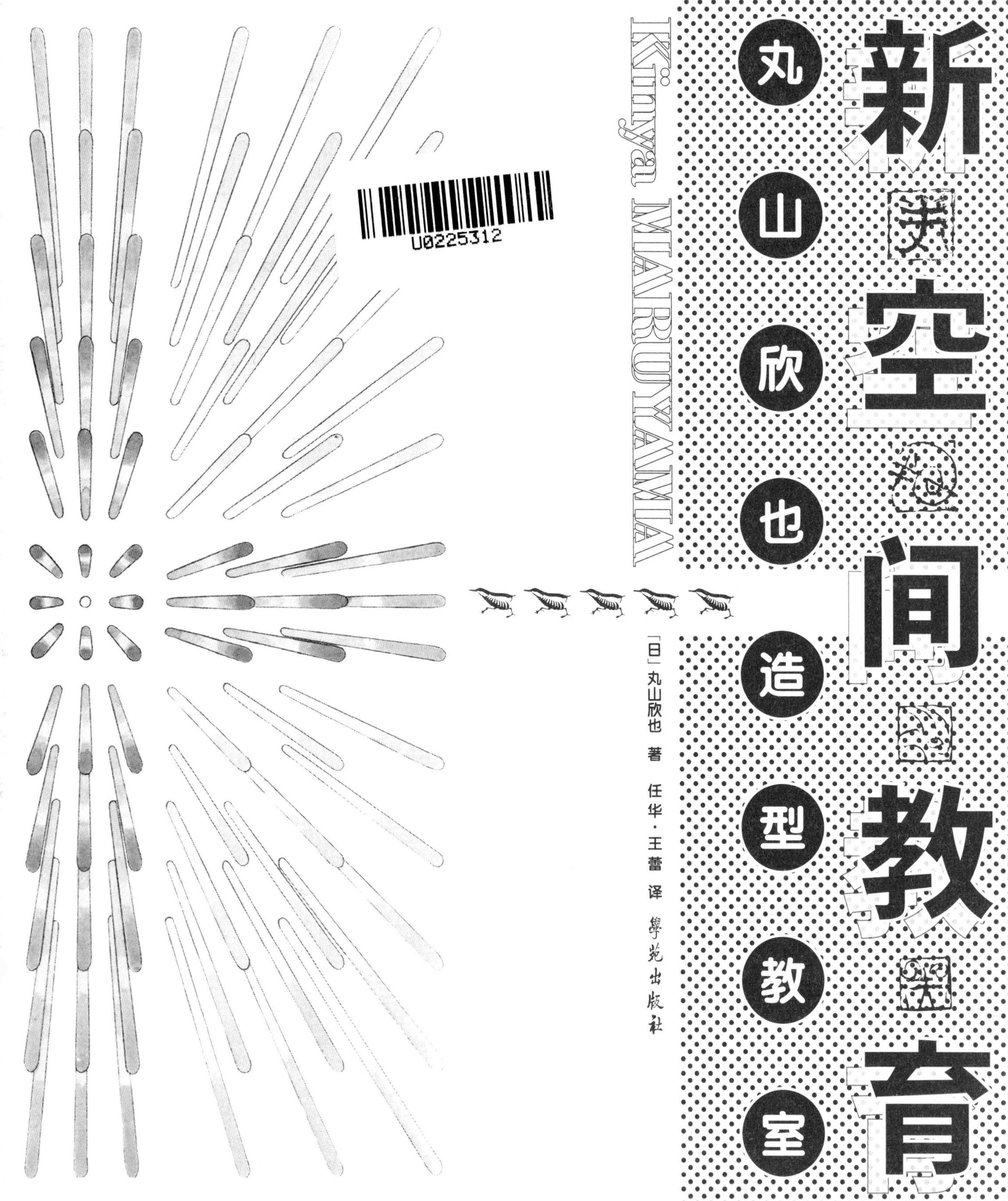
新空间教育
丸山欣也造型教室
Kinya MARUYAMA
[日]丸山欣也 著
任华·王蕾 译
學苑出版社
U0225312

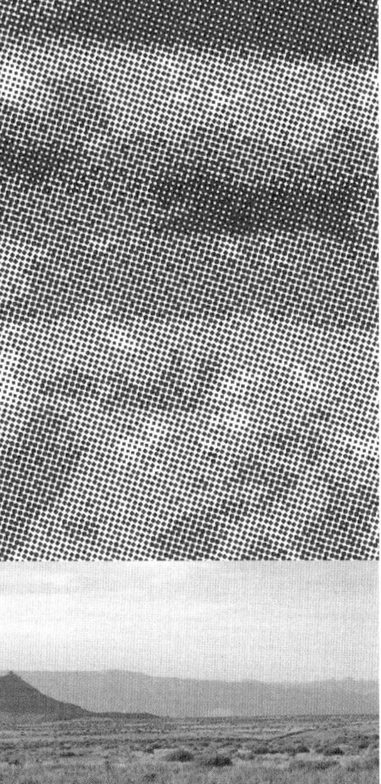

前言

本书内容基于我带领早稻田大学建筑学科和艺术学校的学生们一起制作完成的“用手思考的基础设计”和“使用身体的工作坊”的课题成果。

在第一幕里，进入课题之前我们首先拿上速写本和铅笔去户外。通过介绍丸山的“空间探索之旅”中描绘的物、人、建筑、胡同、市场、村落、都市、风景等等进入视线的各种事物，以求分享绘画的乐趣、意味。

第二幕是以学生作品为例，向大家介绍通过描绘身体感受到的自然，并制作模型，然后用绘画表现并进一步抽象画的过程，学习自然界构造的基础设计（basic design）课程。

第三幕是介绍活动四肢、运用身体整体感觉、与同伴们一起搭建空间的工作坊（workshop）。一边学习材料的性质和工具的使用方法，一边体验因共同感受制作的乐趣所产生的人与人之间的链接。因为第二幕和第三幕的目的是帮助大家提高创造力，所以在课题开始前特别设置了展示收集到的古今东西各种图片资料的环节。为了便于在课程中使用归纳为 15 个课题。

第四幕是和教授土木设计的建筑师内藤广先生的对话。如何推广重视身体感觉并且能够触及事物本质的教育？作为建筑师可以推动社会发展吗？希望给下一代年轻人传达些什么？这一幕就是针对这些话题进行的讨论。

附录中介绍六面折叠骰子的制作方法。参考封面背后的完成图，您可以尝试制作一个像万花筒一样千变万化的骰子。

就像是在愉快地享受马戏团帐篷里动物和小丑的曲艺表演一样，相信随着书页的翻动，一定会带动视觉的发现、手的体验、脚的理解和身体的思考。带着以手的自然运动和使用身体进行创作的人群不断扩大的期待，让我们一起拉开帷幕吧。

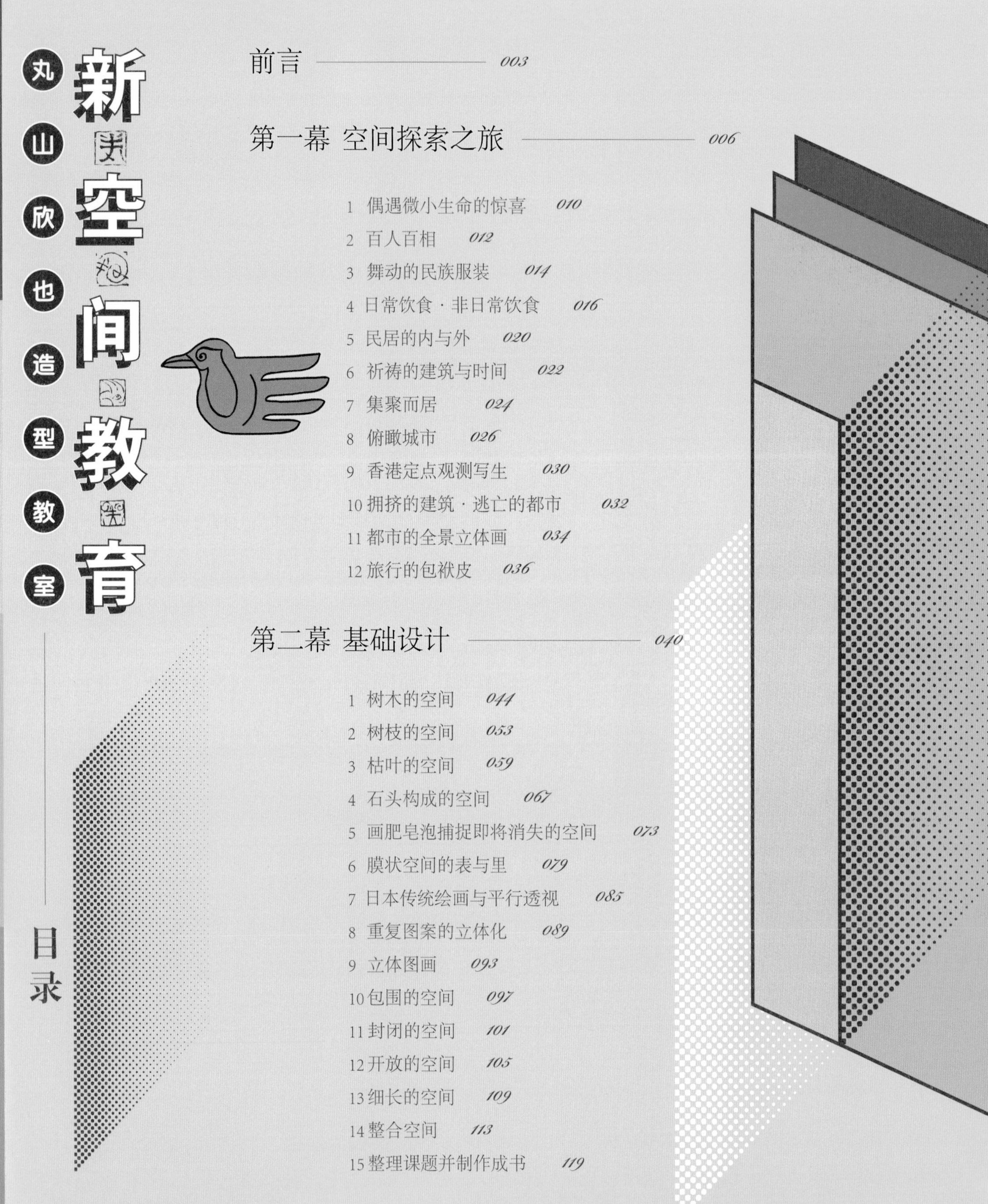

目录

第一幕

空间探索之旅

journey to study space

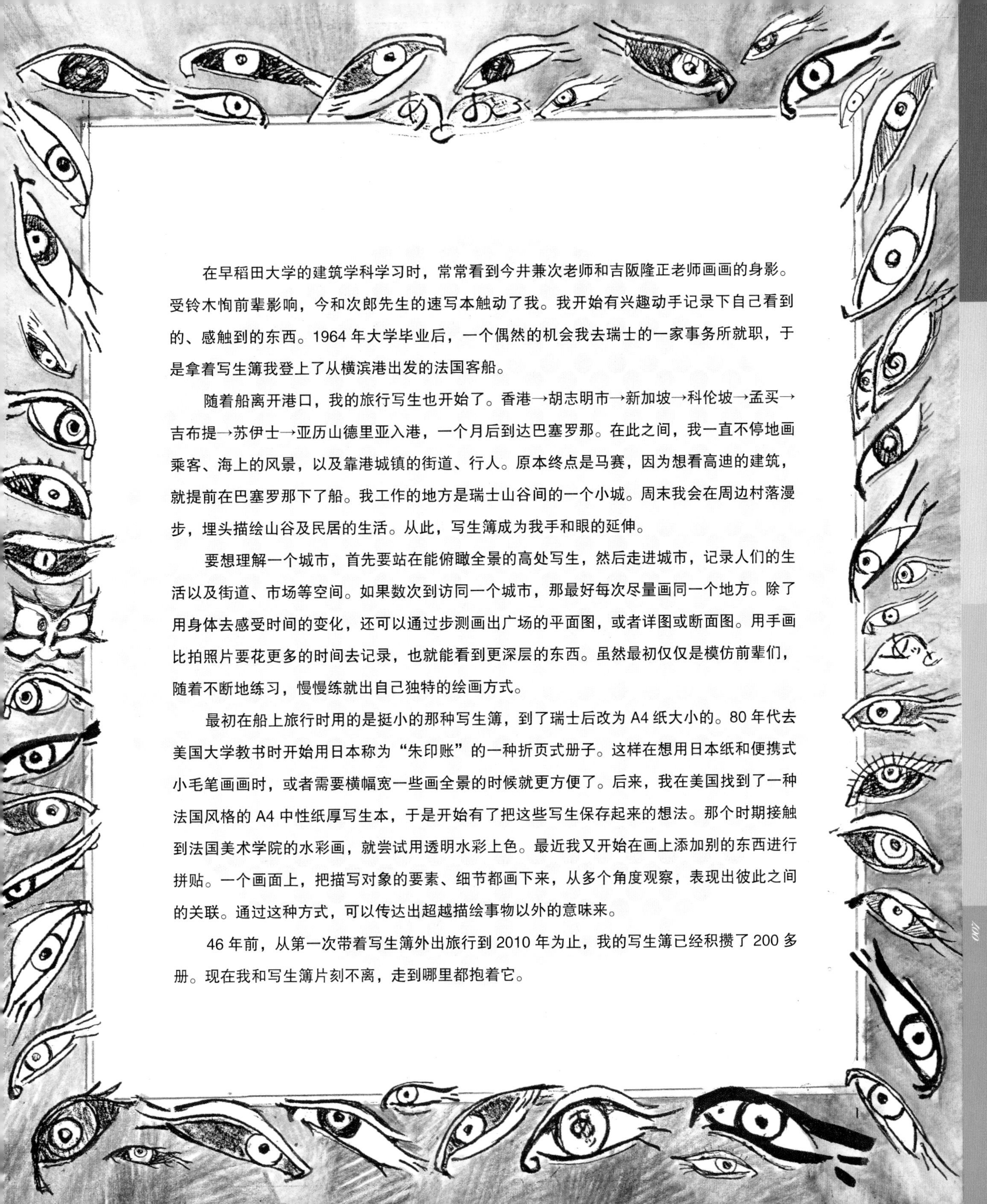

在早稻田大学的建筑学科学习时，常常看到今井兼次老师和吉阪隆正老师画画的身影。受铃木恂前辈影响，今和次郎先生的速写本触动了我。我开始有兴趣动手记录下自己看到的、感触到的东西。1964 年大学毕业后，一个偶然的机会我去瑞士的一家事务所就职，于是拿着写生簿我登上了从横滨港出发的法国客船。

随着船离开港口，我的旅行写生也开始了。香港→胡志明市→新加坡→科伦坡→孟买→吉布提→苏伊士→亚历山德里亚入港，一个月后到达巴塞罗那。在此之间，我一直不停地画乘客、海上的风景，以及靠港城镇的街道、行人。原本终点是马赛，因为想看高迪的建筑，就提前在巴塞罗那下了船。我工作的地方是瑞士山谷间的一个小城。周末我会在周边村落漫步，埋头描绘山谷及民居的生活。从此，写生簿成为我手和眼的延伸。

要想理解一个城市，首先要站在能俯瞰全景的高处写生，然后走进城市，记录人们的生活以及街道、市场等空间。如果数次到访同一个城市，那最好每次尽量画同一个地方。除了用身体去感受时间的变化，还可以通过步测画出广场的平面图，或者详图或断面图。用手画比拍照片要花更多的时间去记录，也就能看到更深层的东西。虽然最初仅仅是模仿前辈们，随着不断地练习，慢慢练就出自己独特的绘画方式。

最初在船上旅行时用的是挺小的那种写生簿，到了瑞士后改为 A4 纸大小的。80 年代去美国大学教书时开始用日本称为“朱印账”的一种折页式册子。这样在想用日本纸和便携式小毛笔画画时，或者需要横幅宽一些画全景的时候就更方便了。后来，我在美国找到了一种法国风格的 A4 中性纸厚写生本，于是开始有了把这些写生保存起来的想法。那个时期接触到法国美术学院的水彩画，就尝试用透明水彩上色。最近我又开始在画上添加别的东西进行拼贴。一个画面上，把描写对象的要素、细节都画下来，从多个角度观察，表现出彼此之间的关联。通过这种方式，可以传达出超越描绘事物以外的意味来。

46 年前，从第一次带着写生簿外出旅行到 2010 年为止，我的写生簿已经积攒了 200 多册。现在我和写生簿片刻不离，走到哪里都抱着它。

AUSTIN . SUMMER STUDIO
1997.4 ~ 6 KUJU · HONG KONG.NY
2003.11 ~ 2004.3
INDONESIA KYOTO
1992 7~10 JAPAN
1993.5~8 Penn. Summer S. OKINAWA OSAKA
2007·10 ~ 2008·3 TAO
1994 1~4 U.PENN. U.T. U.SYDNEY
2008·4~8 TAO Jardin Etoile UGANDA
2007·6 ~ 8 CHAINA
1991·7~8 THAI PHUKET.
1995·3·24 — 1995·6·16
2008·9 — 2009·2 TAO. France.
1998 3·19 — 6·19 Summer Studio in Japan
1991·5~7 Penn. Summer Studio
1991·12 ~ 1992·3 Hospital
Mongolia okinawa 2002·11 ~ 2003·1
2001·6·18 ~ 8·1
SUMMER STUDIO JAPAN
2009·2 ~ 7 JARDIN ETOILE
1995·6·15 ~ 8·4 BALI
OKINAWA AMERICA.NY LONDON PHILADELPHIA
1994·1·3 KUJU PARIS.
CHICAGO
2001 中國
1990·3~6
1991·2~4 WINTER SPRING TOKYO · OKINAWA · SKI
1991·4·5 . SHIKOKU KUMA · OKINAWA IZENA
1989·8~10 BURMA
1990·10 ~ 1990·12 PENN. Southwest
1988·11 ~ 1989 OKINAWA
1989·2~6 TOKYO Penn
Thai. Hongkong
1989
1990
Fall 1985

1993.4～5 GUATEMALA TOKYO·SUIS· KOYASAN·SARDINIA
U.Miami France·Albi 7.2004 9.2004
2006.7.11～8.10 TAO PROJECT CHINA TIBET
2002.4～
1991·9～12 NOTO LA JOLLA HAWAI HOSPITAL
1992·3-5 U.Penn+SUMMER STUDIO PHILA. HAWAI
2009·8～10 MUMBAI UGANDA—FRANCE
2006 8 — 2006.12
2006.12.21～2007.1.10 UGANDA KENYA
1997 9～98.2 Kuju. UK LONDON NY. Kyushu. Phila. Penn.
1994·10～1995·2 PHILADELPHIA U. of PENN
2003.6A～11A 沖縄 TAO
2001 8.30 — 12.31 N.Y.
2004.3-6 East Grenoble Nantes London Penn. S.S. 2004
1998 6～8 PENN SUMMER STUDIO
1992·11～1993·2 KuJu. U.Penn. U.Texas Austin
1996·9·9～10·21
1989·6～8 TAIWAN
1988 4～8 Phila. Seoul.
1987. 12～1988.1 Phila.
1988 1～4 LA. PENN.
2005·12～2006 4 PORTGAL NANTES·SALT LAKE CITY·SANTAFE
1999—2000 PERU 4 Penn. Spring Studio
1999·7.15～12.15 WASH.U.
1999.3.6—3.16 MEXICO
1999 3～7
1993 2～3 U.PENN+ U.TEXAS
2005.6～8 Penn Summer Studio

全方位展望（Panoramic Stage）❶

偶遇微小生命的惊喜

无名的花草、鸟市笼中的小鸟，市场的店铺前摆放的各种颜色、各种形状，农田里收获的蔬果和我们一起生活的猫。当我们持续描绘日常生活中遇到的小小生命时，便会融入那个时间、那个场景的生活，用工作的包袱皮把它们包裹起来。

CALABAS

King

SAN BLAS

Cow's udder

Hawai

Red Malaysia

WAX JAMBU
SYZYGIUM SAMARANGENES

ICE CREAM BEAN
INGA PATERNO

STAR FRUIT
AVERRHOA CARAMBOLA

FRUIT SALAD PLANT
MONSTERA DELICIOSA

SWISS CHEESE PLANT

ROXBURGHII FIG
FICUS AURICLATA
INDIA

BAEL FRUIT
AEGLE MARMELOS
INDIA

STAR APPLE
CHRYSOPHYLLUM
CAINITO
TROPICAL AMERICA

全方位展望（Panoramic Stage）❷

百人百相

要了解遇到的人的名字、性格、存在理由，最好的办法是画这个人的面孔。这样甚至可以捕捉到这个人所营造出的空间氛围。为了快速地、有特点地进行表现，可以模仿日本传统绘画大和绘，以及江户时代的演员画或者民俗活动中面具的画法。

Tomoko
Etsumi
海南のオの青物市場は良いという。
Prime Rib
3匹の赤いロブスター
この人はひのこぞう
3-one pound Lobster
$22
wild carrot
House Party

全方位展望（Panoramic Stage）❸

舞动的民族服装

能最近距离地保护人的身体，彰显个人或民族个性的就是民族服装了。形状、素材、材质、色彩的多样表现出个性及地域的风土，以此了解场所、人和生活的关系，关注人们的行为举止。

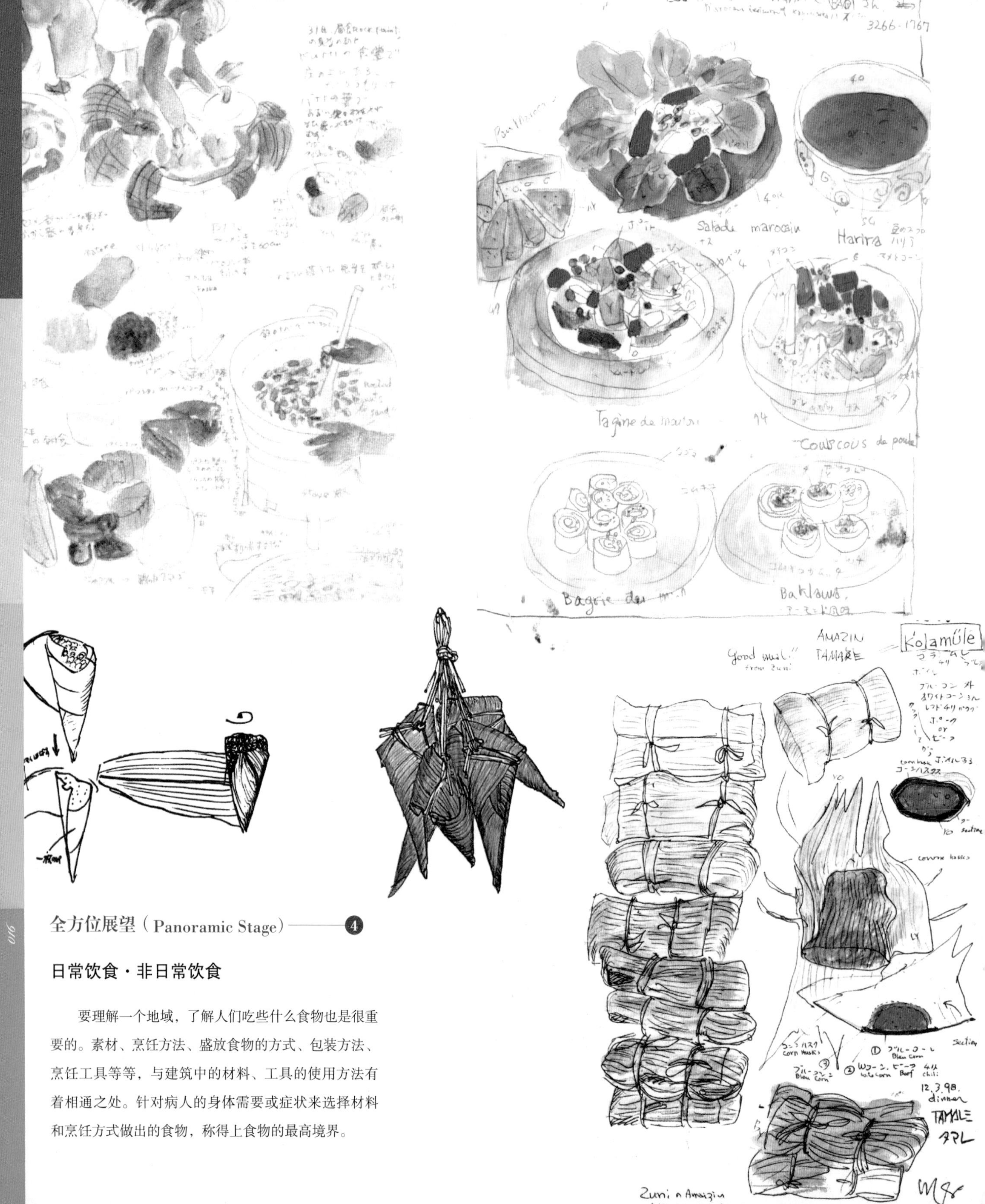

全方位展望（Panoramic Stage）——❹

日常饮食・非日常饮食

要理解一个地域，了解人们吃些什么食物也是很重要的。素材、烹饪方法、盛放食物的方式、包装方法、烹饪工具等等，与建筑中的材料、工具的使用方法有着相通之处。针对病人的身体需要或症状来选择材料和烹饪方式做出的食物，称得上食物的最高境界。

ニンジン
カニ足のフライ
トムヤムクン
エシャロット
ドロ辛にて
アマずっぱソース
ニンジン
トンガラシ 22.7.91
パンダナスの葉
バイトゥーイの葉です…
揚げ鶏トリ

THAI PANCAK
Seclim

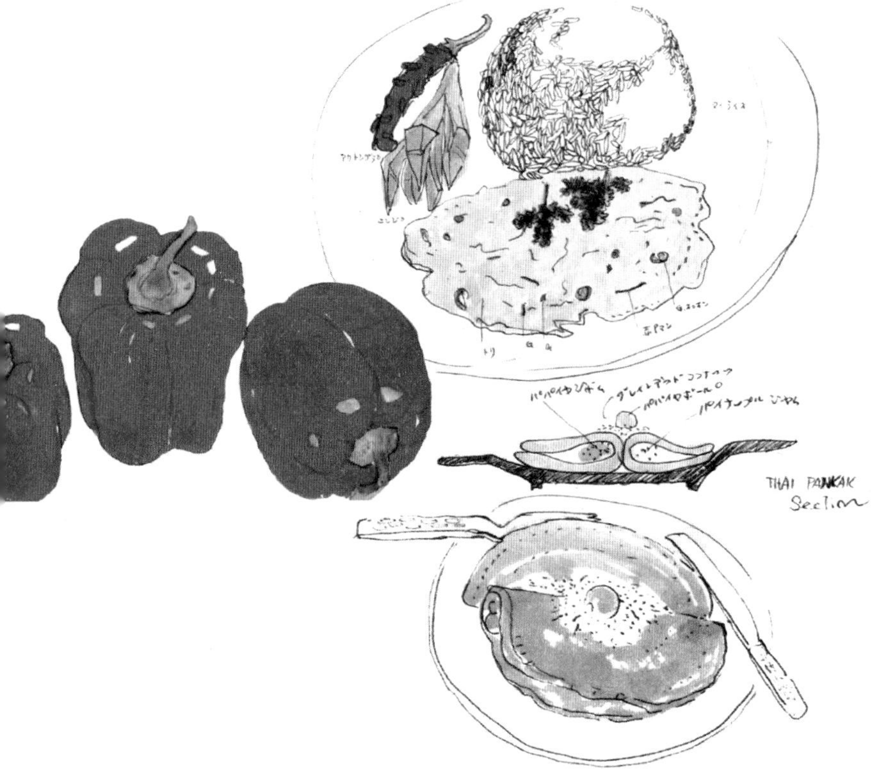

CHICKEN

6食目だ!!
10日朝
日本時間で
6:50分 朝と
同じ朝食
これで ナイロビから
5食目だ

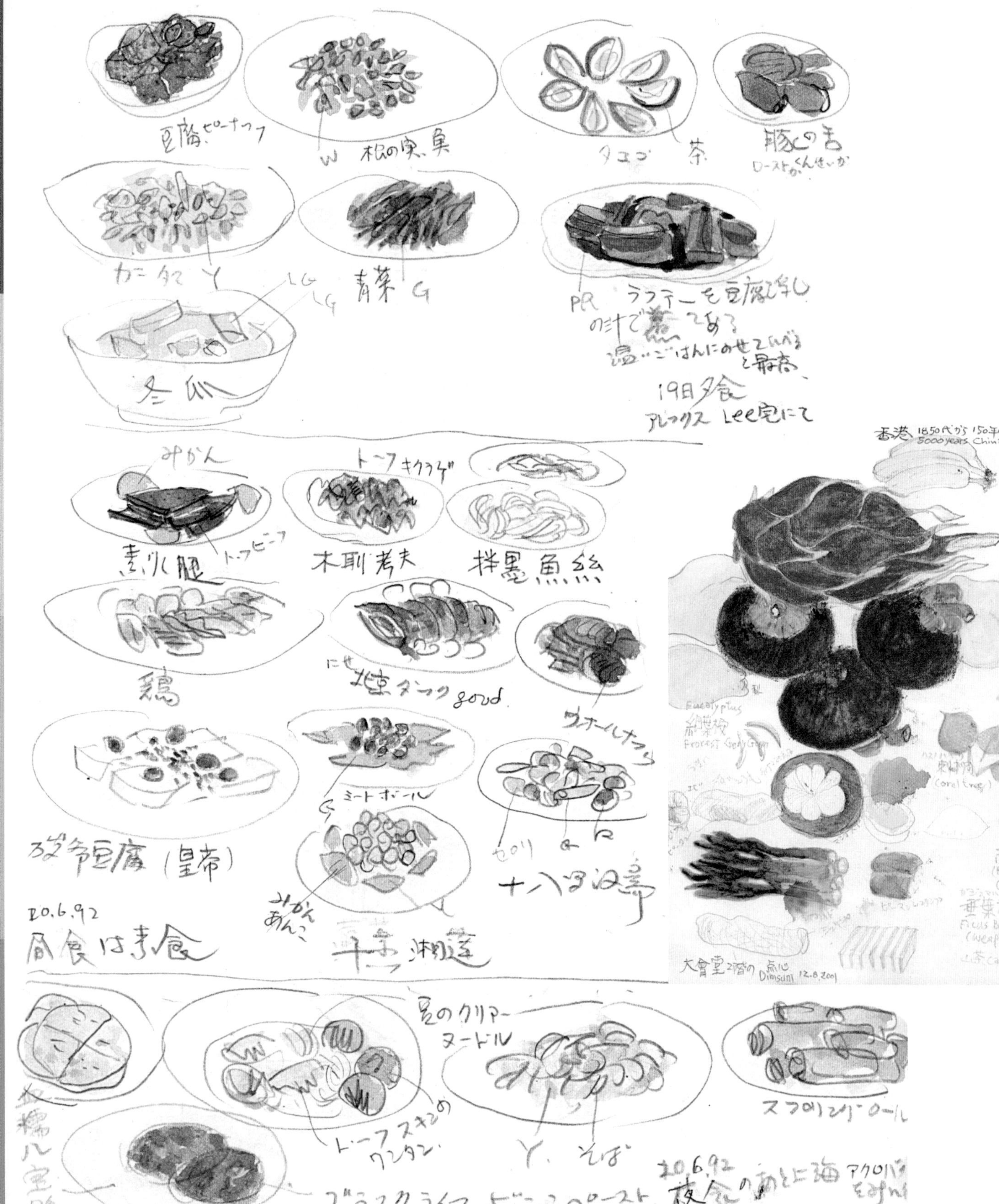

豆腐ピーナッツ
松の実
冬瓜
青菜 G
19日夕食
アレックス Lee宅にて
みかん
トーフキクラゲ
拌墨魚絲
鶏
北京ダック good
ミートボール
セロリ
20.6.92
昼食は素食
香港
Eucalyptus
Dimsum 12.8.2001
豆のクリアーヌードル
トーフスキンのワンタン
Y. そば
スプリングロール
20.6.92
ブラックライス ビーンズペースト
スティッキーライス 甘い

枝豆 G
鶏
ダック
ラーシャオ
豚油
青菜 G
スープ トマト青菜竹のこシイタケ
16.6.92 Leshan
Zukini G
wine
Bread
Beef
スジのあるカブ

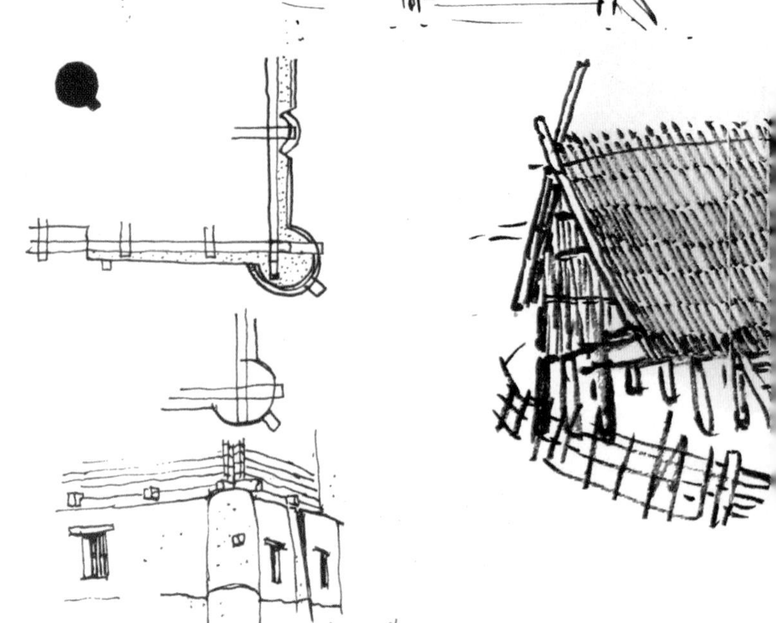

全方位展望（Panoramic Stage）❺

民居的内与外

为了适应当地气候风土而不断改良的民居中凝聚着人类的智慧。为了帮助理解，我们需要通过画平面图、断面图去发现那些留存的记忆，为了让生活和自然相融合需要做出调整和改进。

全方位展望（Panoramic Stage）——❻

祈祷的建筑与时间

无论东方或西方，宗教建筑都存在着超越人类智慧的力量。塔、屋顶、柱子、回廊，任何一个部件上都表现着人们对神明寄予的希望，耐受着大自然的威胁、跨越漫长岁月一直延续至今，散发着存在的强大力量。

大佛殿
1708
Jixian
独乐寺 Dules
Badgige
KADAMIYA
golden mosque
TOUT POUR LA CH

全方位展望（Panoramic Stage）——⑦

集聚而居

聚集在某个地域的集居形式是各种各样的。代表社会景象的街头巷尾、广场以及小路，都有着生动丰富的表情，让人感受到群体的力量。在街上边走边画速写，人们说话的声音、街道的味道等等都在刺激着我们的五感。

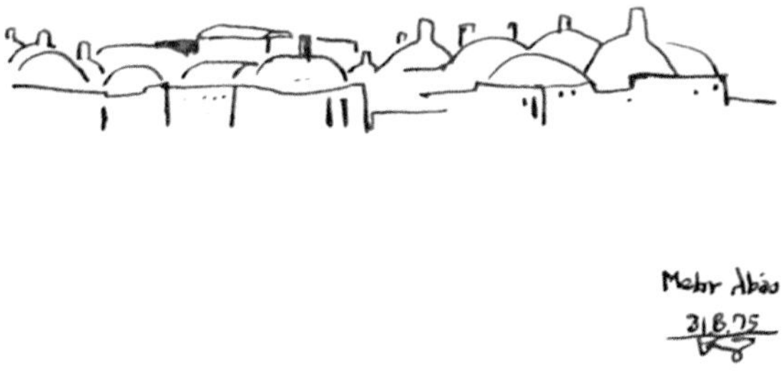

全方位展望（Panoramic Stage）——❽

俯瞰城市

从高处或者远处描绘城市时，会发现城市是由城市与周边风景、人之间的关系所决定的。从而能够理解选择素材、形态的必然性。以生活所必需的清真寺、教会为中心的城市构造也清晰可见。

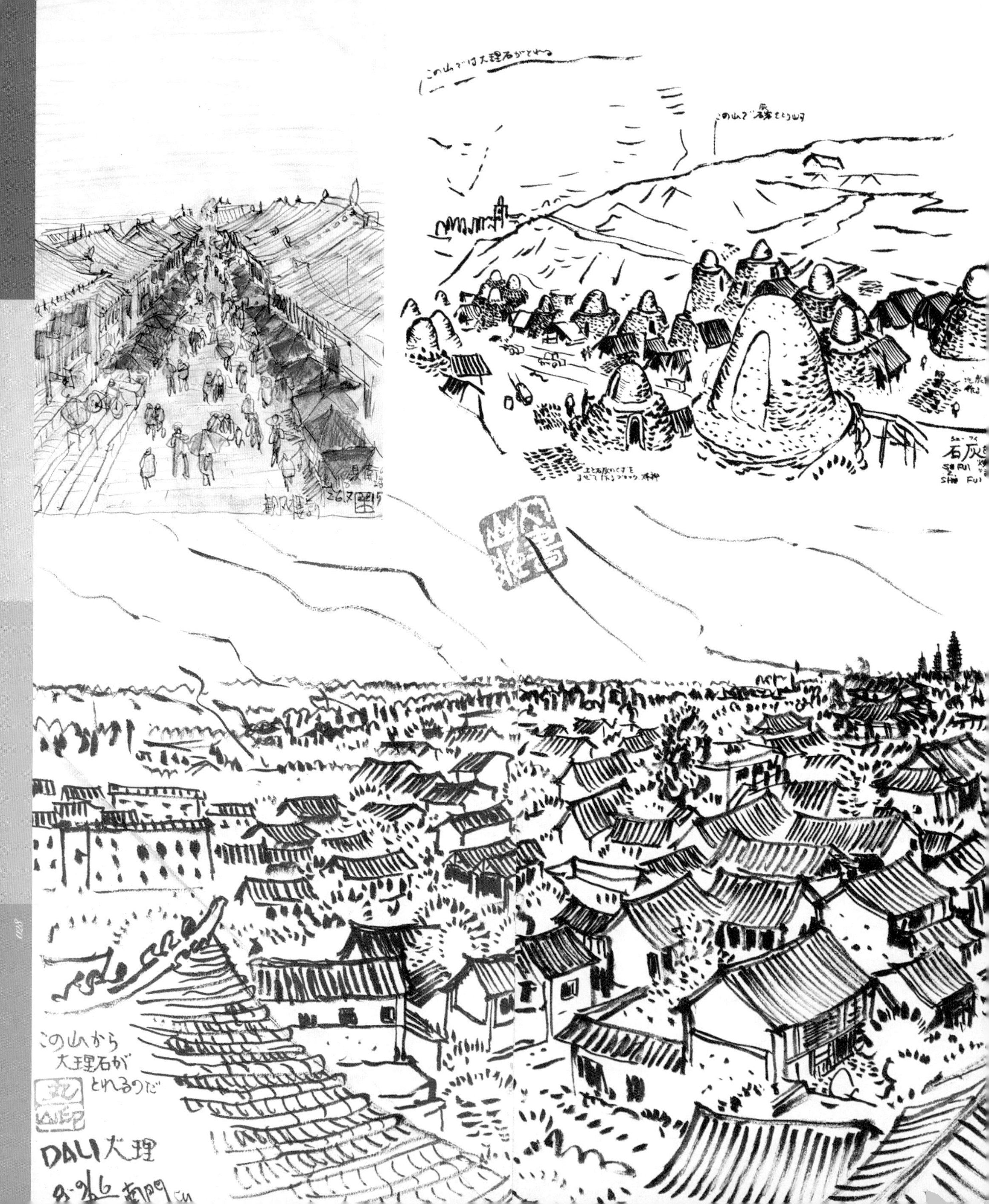

この山では大理石がとれる
この山から
大理石が
とれるのだ
DALI大理

桂林
GUILIN
4.6.92
北門
ERHAI LAKE
洱海
大理

全方位展望（Panoramic Stage）——❾

香港定点观测写生

被自然灾害以及经济动向所左右的亚洲城市，比欧洲城市变化速度更快。通过定点描绘城市的变化过程，可以看到消失的建筑物以及城市的历史。从左到右、从上到下分别为1964年、1987年、1992年、2001年的香港定点观测写生。

1964年

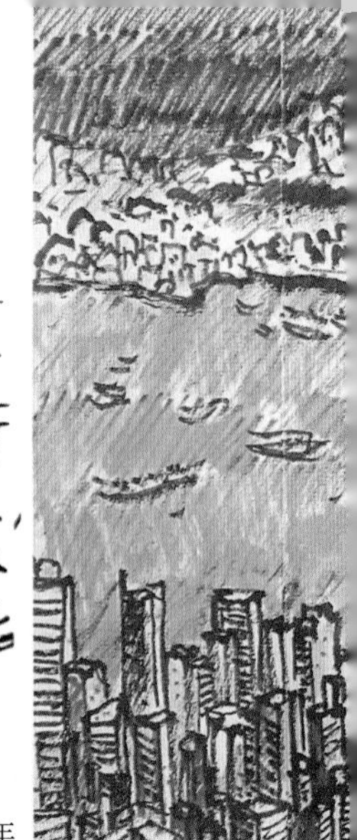
1987年

1992年

2001年

VICTORIA HILL
From
Victoria Hill
12.8.2001

全方位展望（Panoramic Stage）⑩

拥挤的建筑·逃亡的都市

登上高耸的建筑俯瞰城市，可以眺望到地平线，确认城市是如何消失在自然之中的。一边画速写一边思考，城市是怎样发展成今天这个样子，今后又将怎样继续变化。

Vieu de Lausanne
Place St Flancol
25.8.81

全方位展望（Panoramic Stage）——⓫

都市的全景立体画

在记录场景时，速写本的尺幅是有限的。为了连续地捕捉扩散开来的都市，最好选择折页的本子。一边将视点水平移动，一边眺望都市进行描绘，可以更加准确地捕捉到城市的特征。

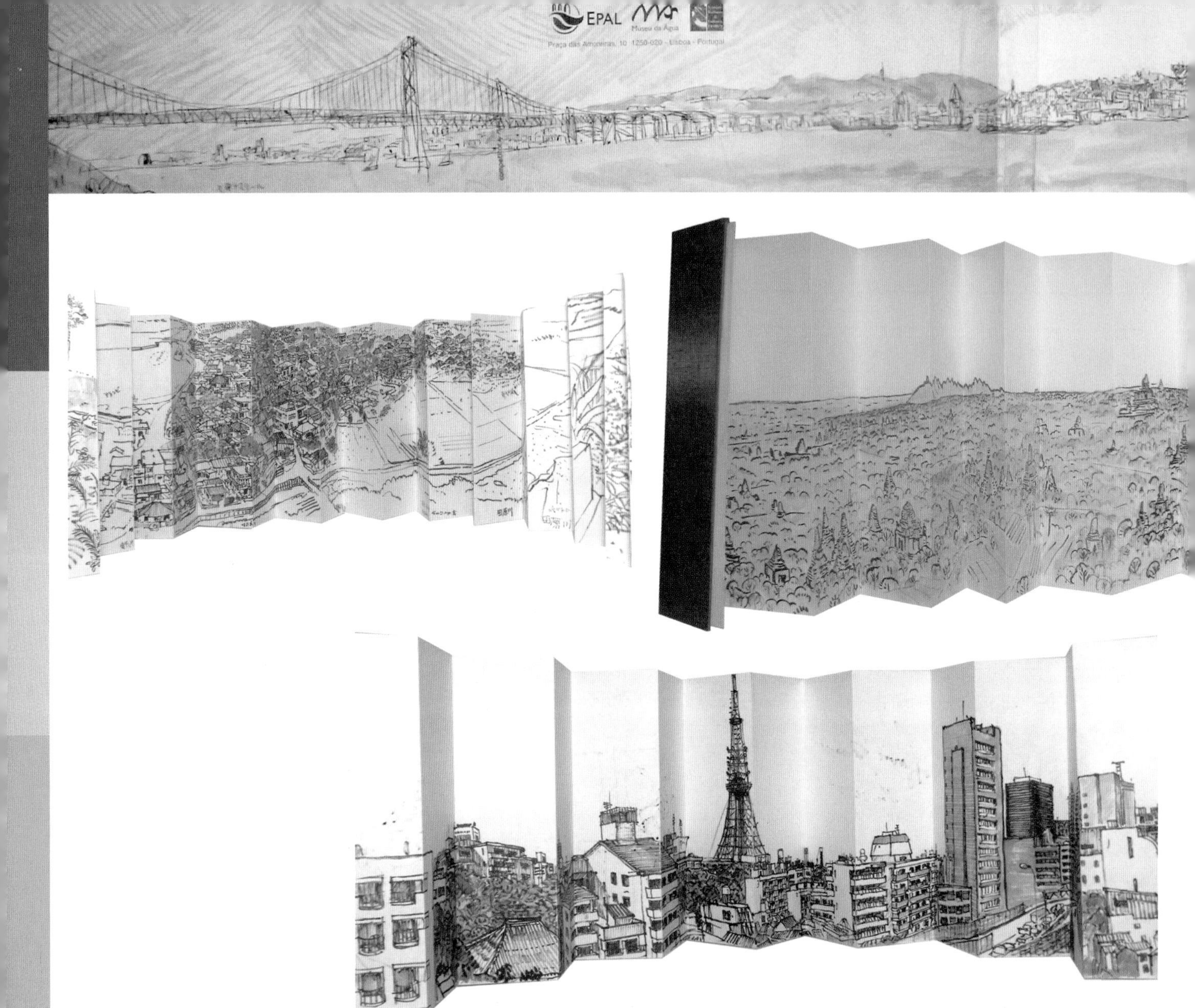

旅行的包袱皮

去旅行之前和旅行中，包袱皮是用来包裹衣物的；回程时用来把杂七杂八的收获塞进去，多得连绑起来都费力气。最后写生薄也变身成了包袱皮。各个地方有贴着的、夹着的、折着的各种不同东西，写生薄胀得又厚又重。三个包袱皮有相似之处，之间又互相关联，隐藏着各种玄机。

乱七八糟 七零八碎 迷迷糊糊

访问一个陌生地方时，出发时我尽量不带任何成见和预备知识。这样，身体得到的感动和喜悦也就更大，积累的量也更多。不断衰败又重新再生的自然界变化、人们的日常生活、无序且暧昧难解的都市，我将这些发现和感动都描绘出来。抛弃既成的价值观，抱着疑问和怀疑的态度去发现并画出存在于暧昧无序下的关系时，渐渐发现自己的身体已经接近了这个初次相见的地方。

闪现 触摸 观察

用眼睛看、手脚触摸、耳朵听、嘴巴品尝、鼻子闻，调动这五个感官是写生的基本。如果能够调动第六感脑海中的画面会更加丰富。通过写生簿能促进画面进一步发酵，酝酿一个不同与身体感受的世界。快速地忠实地描绘所见、所闻、所感。即兴和直观感受甚至会带领你捕捉到一些眼睛都无法看到的东西。用全身去感受那些在互联网和旅游指南中无法获得的冲击，展开自己的写生。

塞满 模仿 整理

旅行的包袱皮里，衣服和工作的资料放在一起，比起调查、思考来说，我是把看到的、听到的、闻到的那些零零碎碎的东西都画到写生簿上，迅速地塞入包袱里。那个时候已经有了取舍抉择，因为我是有意识地去画那些可以模仿、利用的东西。再次翻看这些素描和想法时，用透明水彩上色进行图像的编排整理。等到展开后立刻有空间浮现，我便停下笔来。

花纹折（逆时针）

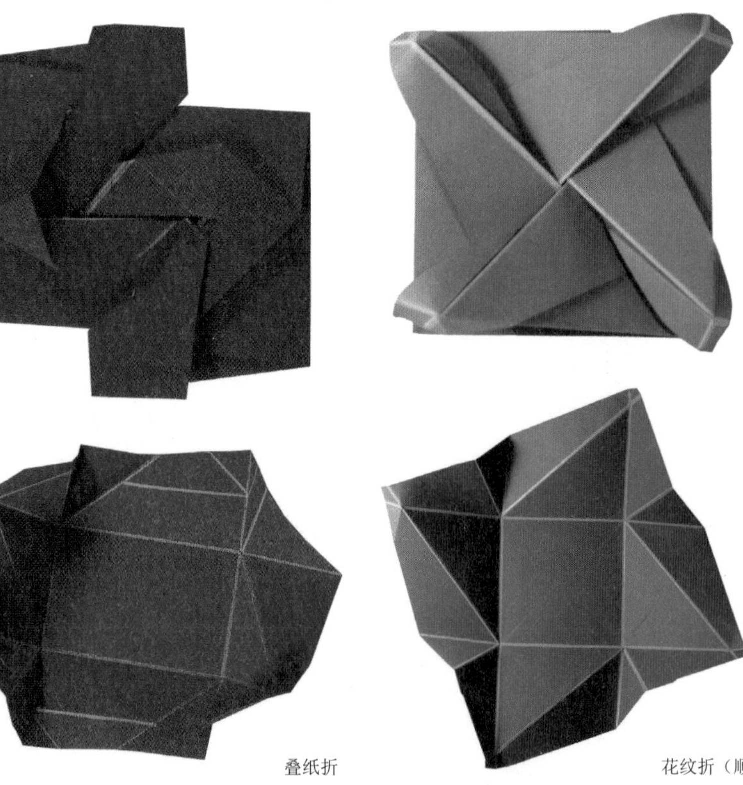

叠纸折

花纹折（顺时针）

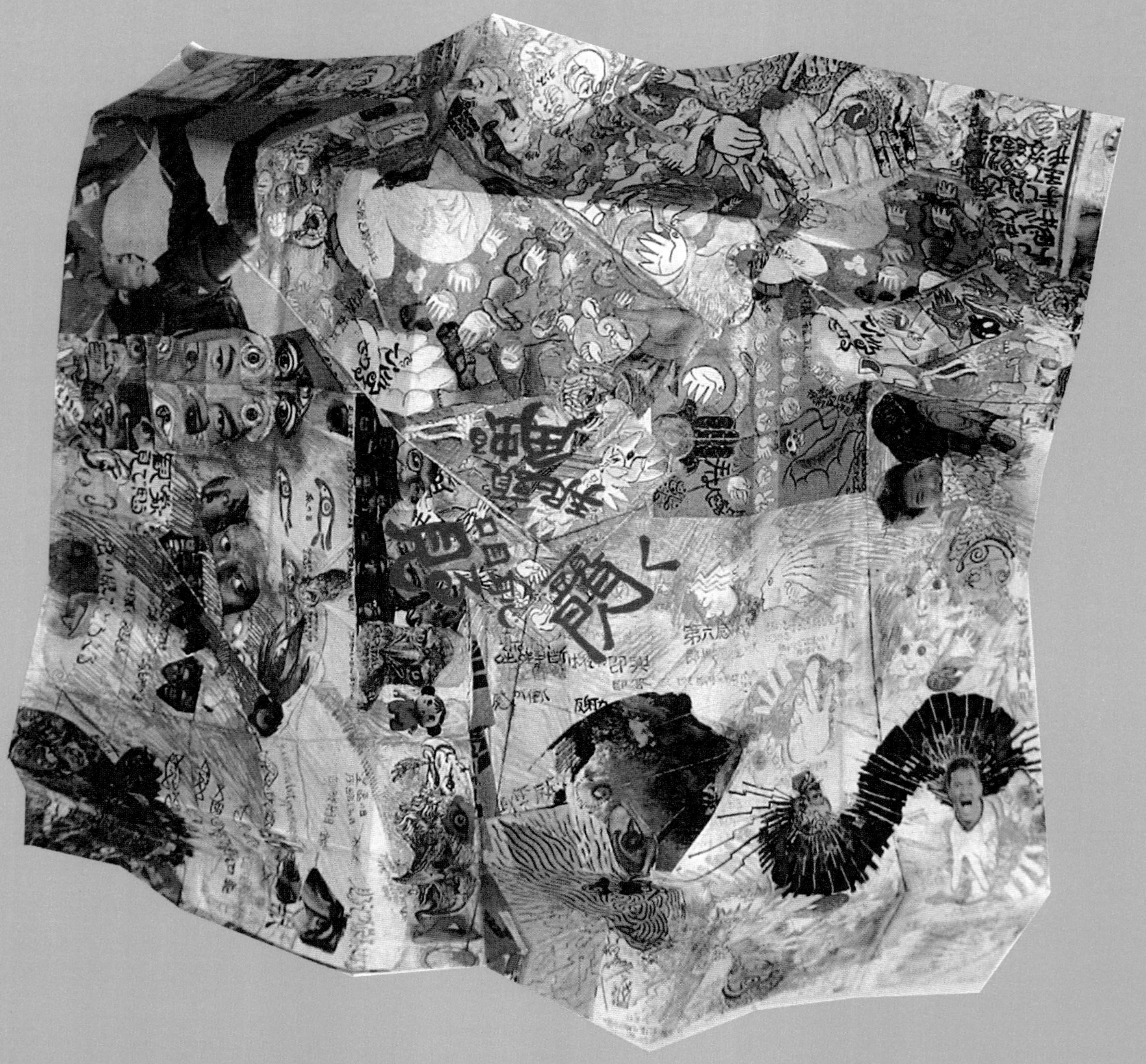

第二幕

基础设计

bacis design

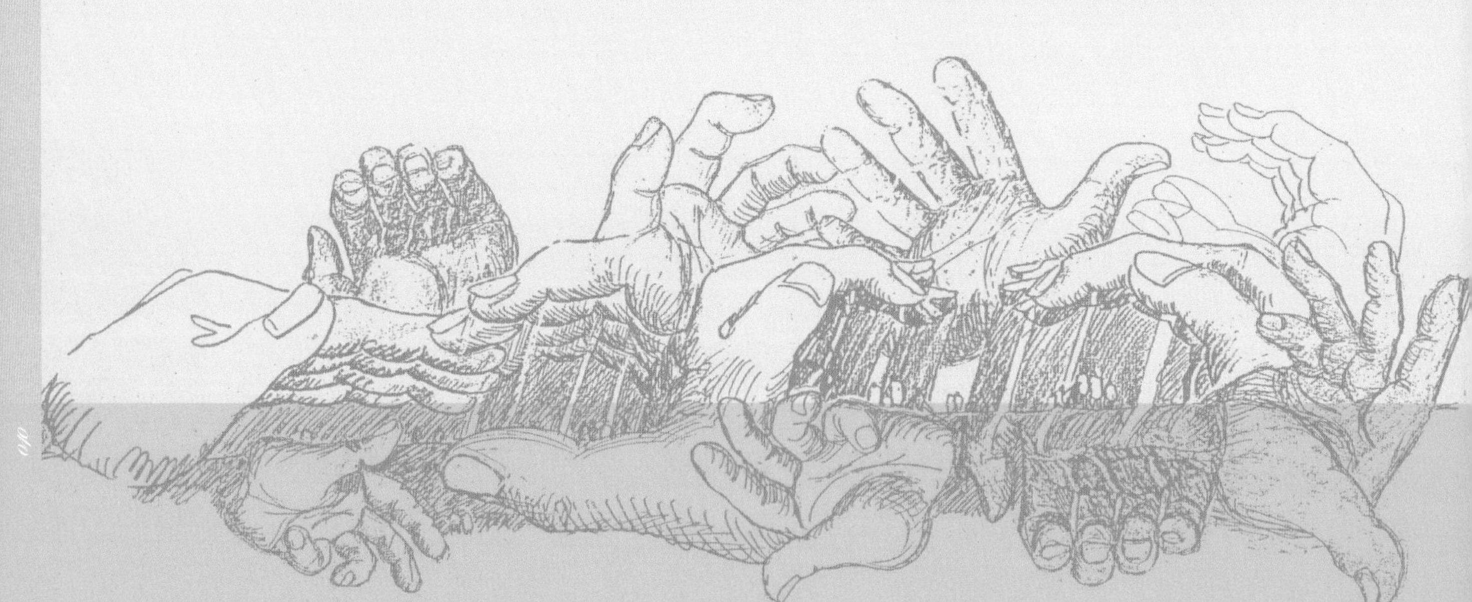

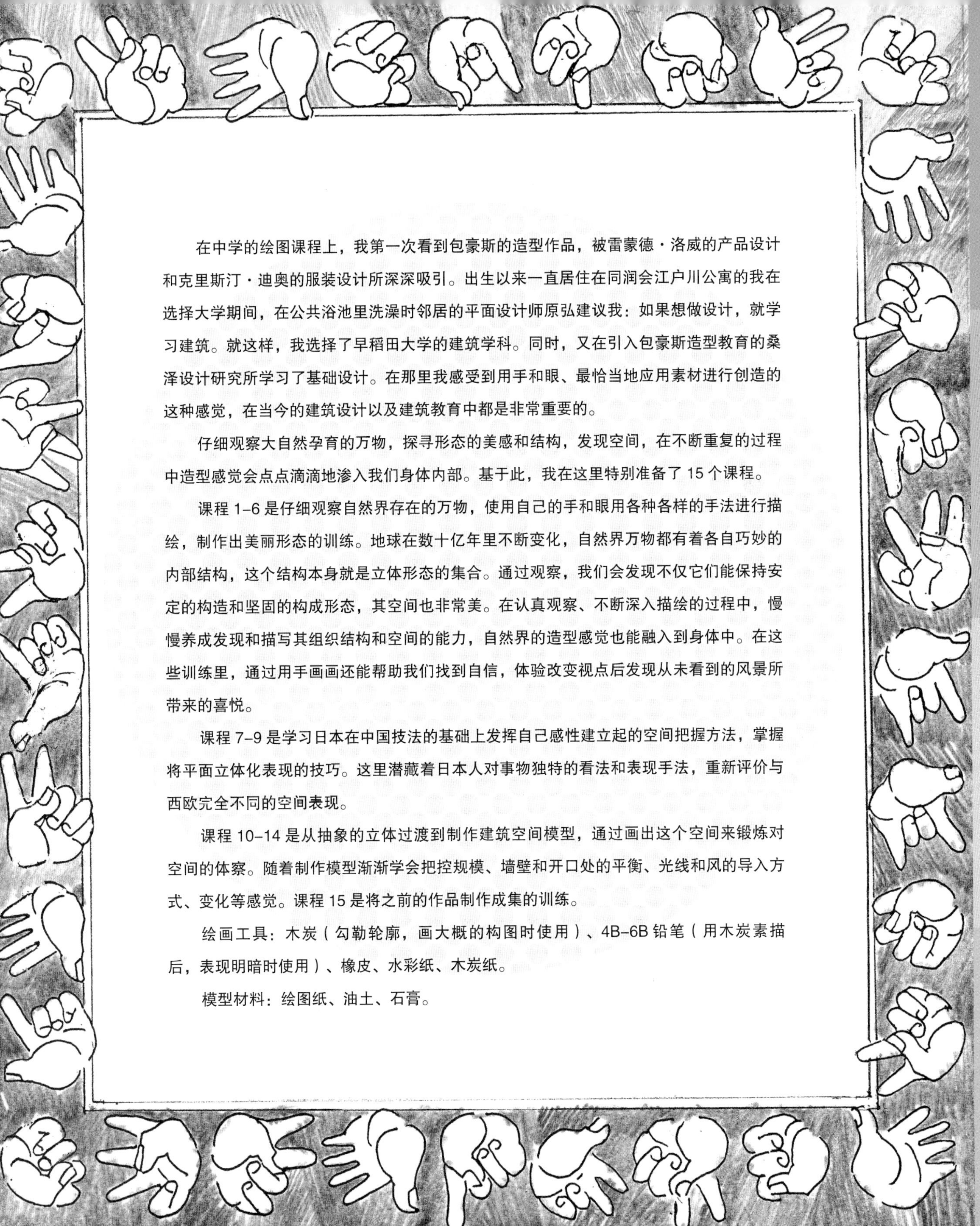

在中学的绘图课程上，我第一次看到包豪斯的造型作品，被雷蒙德·洛威的产品设计和克里斯汀·迪奥的服装设计所深深吸引。出生以来一直居住在同润会江户川公寓的我在选择大学期间，在公共浴池里洗澡时邻居的平面设计师原弘建议我：如果想做设计，就学习建筑。就这样，我选择了早稻田大学的建筑学科。同时，又在引入包豪斯造型教育的桑泽设计研究所学习了基础设计。在那里我感受到用手和眼、最恰当地应用素材进行创造的这种感觉，在当今的建筑设计以及建筑教育中都是非常重要的。

仔细观察大自然孕育的万物，探寻形态的美感和结构，发现空间，在不断重复的过程中造型感觉会点点滴滴地渗入我们身体内部。基于此，我在这里特别准备了 15 个课程。

课程 1–6 是仔细观察自然界存在的万物，使用自己的手和眼用各种各样的手法进行描绘，制作出美丽形态的训练。地球在数十亿年里不断变化，自然界万物都有着各自巧妙的内部结构，这个结构本身就是立体形态的集合。通过观察，我们会发现不仅它们能保持安定的构造和坚固的构成形态，其空间也非常美。在认真观察、不断深入描绘的过程中，慢慢养成发现和描写其组织结构和空间的能力，自然界的造型感觉也能融入到身体中。在这些训练里，通过用手画画还能帮助我们找到自信，体验改变视点后发现从未看到的风景所带来的喜悦。

课程 7–9 是学习日本在中国技法的基础上发挥自己感性建立起的空间把握方法，掌握将平面立体化表现的技巧。这里潜藏着日本人对事物独特的看法和表现手法，重新评价与西欧完全不同的空间表现。

课程 10–14 是从抽象的立体过渡到制作建筑空间模型，通过画出这个空间来锻炼对空间的体察。随着制作模型渐渐学会把控规模、墙壁和开口处的平衡、光线和风的导入方式、变化等感觉。课程 15 是将之前的作品制作成集的训练。

绘画工具：木炭（勾勒轮廓，画大概的构图时使用）、4B–6B 铅笔（用木炭素描后，表现明暗时使用）、橡皮、水彩纸、木炭纸。

模型材料：绘图纸、油土、石膏。

1-1

THE·TREE·OF·ARCHITECTURE
BANISTER FLETCHER, INV.
This Tree of Architecture shows the main growth or evolution of the various styles, but must be taken as suggestive only, for minor influences cannot be indicated on a diagram of this kind.

1-2

1-3

1-4

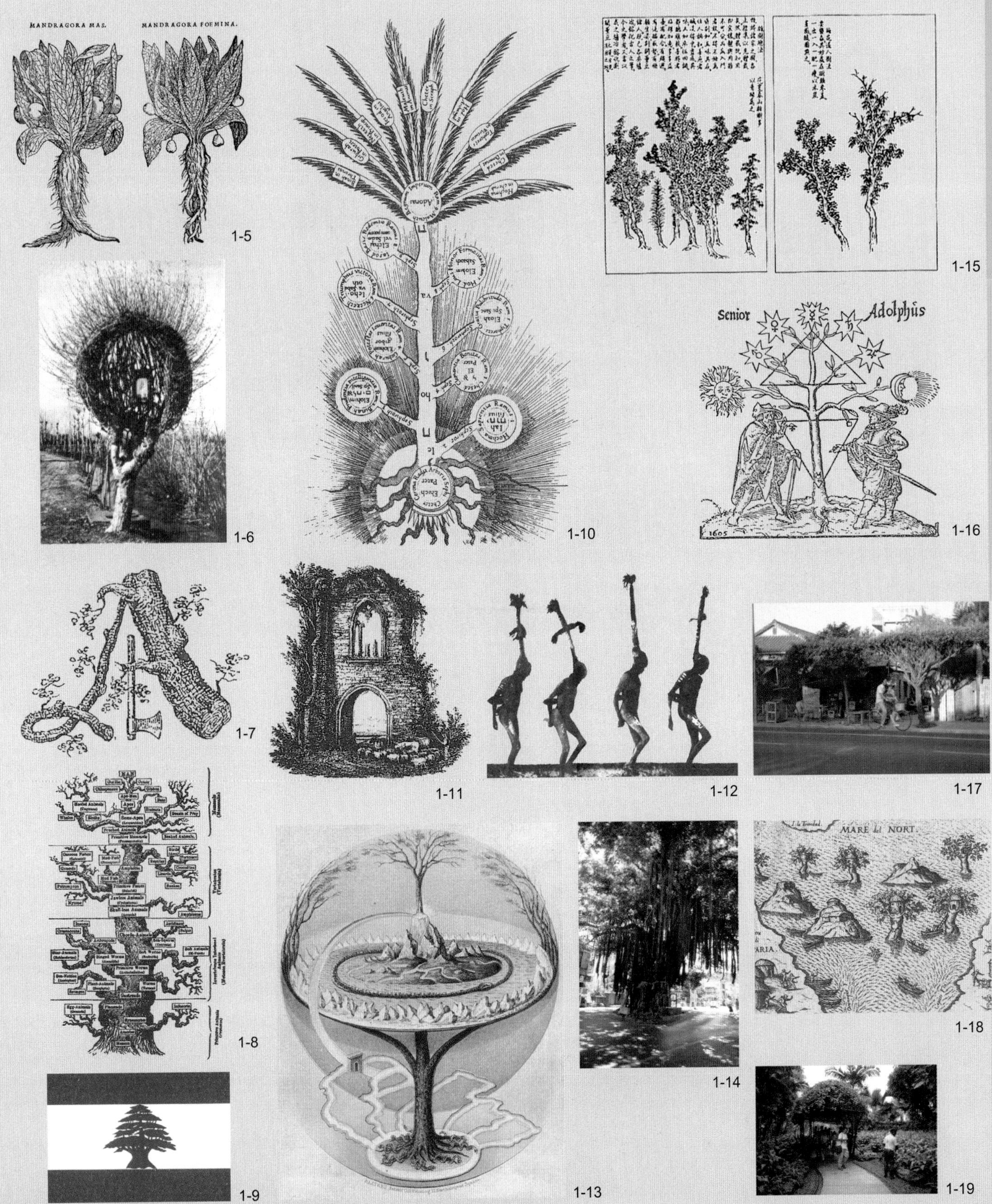

1-5 1-6 1-7 1-8 1-9 1-10 1-11 1-12 1-13 1-14 1-15 1-16 1-17 1-18 1-19

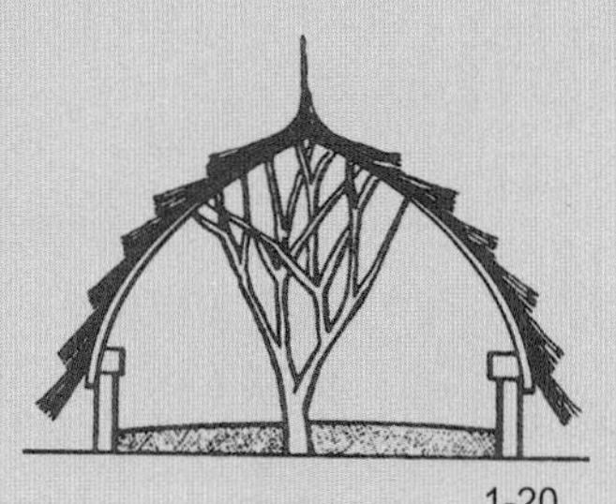

1-20

1-25

1-30

1-32

1-21

1-26

1-31

1-33

1-22

1-27

1-23

1-28

1-24

1-29

联想宝库（Image Archives）❶

1－1　波巴布树的大树，加纳北部的村落
1－2　弗莱彻的建筑样式系统树
1－3　阿克巴大帝的柱子（印度，16 世纪）
1－4　阿兹特克世界象征五个领域的树，表现诞生、生、死、再生
1－5　人形根部的曼德拉草
1－6　居住在古老橡木树干中的宙斯（希腊西北部）
1－7　树木外形的拉丁字母
1－8　恩斯特・海克尔的人类诞生的系统树
1－9　以黎巴嫩杉为元素的黎巴嫩国旗
1－10 天地逆转的生命树
1－11　覆盖建筑物的树木拉丁字母
1－12　进入精神世界前的部族仪式
1－13　包裹着整个世界的白蜡树（北欧神话中的圣树）（1847）
1－14　屏风榕树（名护市）
1－15　树法《芥子园画传》（1679 － 1701）
1－16　炼金术的树（1605）
1－17　与建筑融为一体的台北行道树
1－18　塔可考拉地区的湖上住宅
1－19　新加坡植物园
1－20　树木支撑的小屋（尼罗河上流）
1－21　中国杂志《天使塞画报》（19 世纪）
1－22　天地反转的树（榕树）
1－23　《造园的理论与实际》（1747）
1－24　树木造型的骆驼
1－25　树上的树木造型住宅
1－26　赋予树木寓意的《建筑论》的扉页（1755）
1－27　树木修剪齐整的罗马样式庭院
1－28　象征英国王室的皇室橡树
1－29　广阔的绿荫停车场（新加坡）
1－30　维欧勒・勒・杜克画的最原始的房子
1－31　《快乐园》的树上生活者被驱逐的场面
1－32　橡树教会（1824）
1－33　向树上的释迦牟尼祷告的越南人（1806）

树木的空间

Lesson 1

树木多数是通过地下的根部获取水分，经树干输送到枝梢，为了生长不断保持平衡，而发挥光合作用的叶子向着太阳不断生长，从而形成了一个空间。空间不是只有人类才能创造的。树木创造出的空间是它们生长所必需的领域。地面与枝之间、干的周围、枝与枝之间、叶与叶之间的间隙。虽然因树种区别而略有不同，但典型的空间却由此可见。

就像一个人无法独自生存一样，离开集体树木也无法良好生长。繁多的树木形成了树林和森林，彼此之间相互补充，共同建造空间。自然林是树木凭借自己的判断完成间苗的步骤，相互辅助，共同营造集体的生活空间而形成的。人工造林则由最初的密集种植，根据成长情况反复间苗创造利于生长的环境，优化森林状态，最终获得美丽的树形和优质的木材。

树木这种向着天空，或是在土壤中不断扩展的生命力，被暗喻为建筑或人体，是人们长久以来描绘的主题。为了展开我们脑海中树木的意象，请试着想象一下这样的图景。这也是一种探索空间的方式。

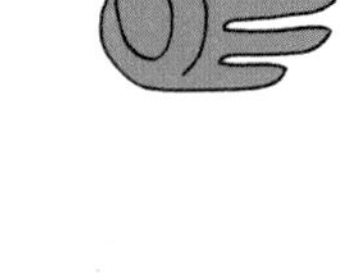

二株畫法

二株有兩法。一大加小。是為負老。一小加大。是為攜幼。老樹須婆娑多情。幼樹須窈窕有致。如人之聚立。互相顧盼。

二株交形

作业步骤

01

寻找像松树、杉树、榉树、樟树等向四周扩散，枝干互相缠绕的群生树木。认真观察几棵树共同构成的空间，思考什么地方有着什么样空间、可以在什么样的地方设定空间等问题，并用铅笔记录下来。用心考虑从哪个方向、用哪种表现手法才能更加清晰地传递看到的空间，就像树伸展开来一样画满整个画面。

02-1

02

用木炭条确定构图后开始画图。画出树木的水平图和断面图。进入树内部放大画面的方式能让我们不再单纯画树木这个物体，而是带着进入树木空间的视点。

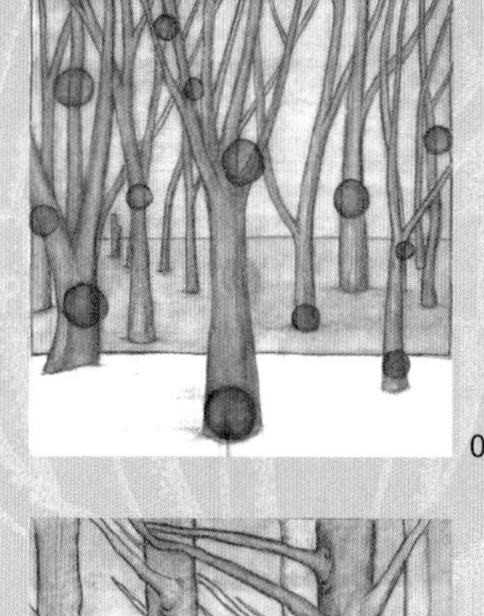

02-2

03

从木炭画的线条中选择最满意的一根，用软铅重重地描出来，擦拭掉其他的线。也可尝试描绘锯断的枝干断面图。

04

捕捉树与树之间的空间。可将树木之间的距离设定得更狭窄，也可将主干或枝夸张放大创造更加单纯、抽象的空间。设想自己就像吃掉树干内部筑巢的虫子，表现一个由曲面包围的空间。

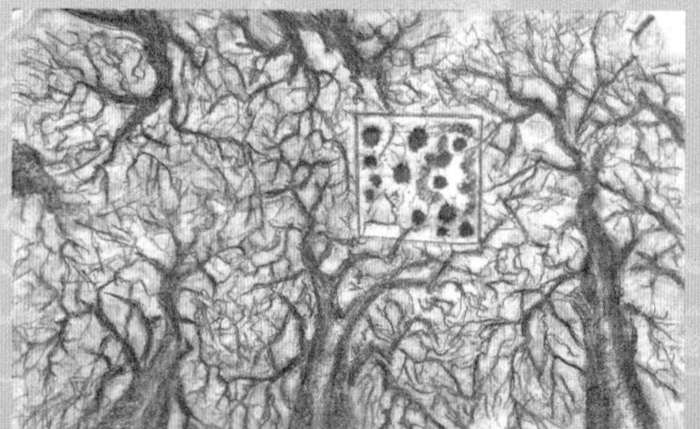

02-3

03-1

03-2

03-3

04-1

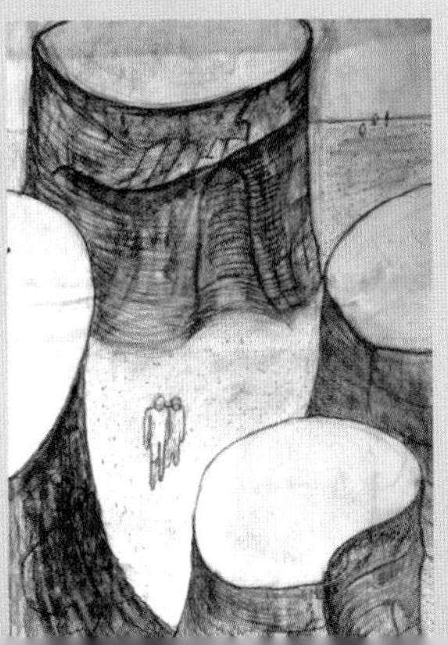

04-2

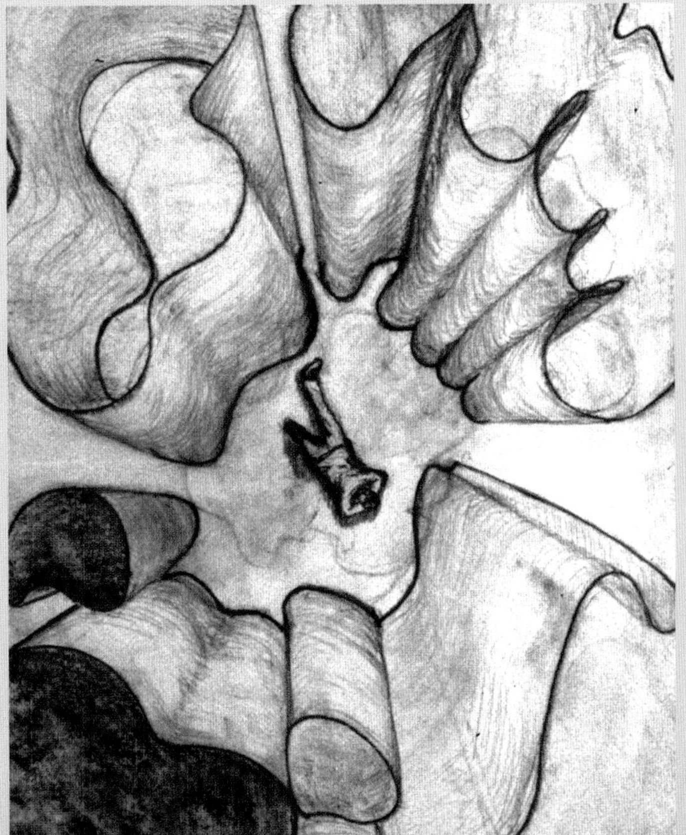

04-3

05

就找到的树木进行调查。除名称外，是常绿树还是落叶树、原生地是哪里、什么时候进入日本、根是怎样的状态、性质及用途都要一一调查清楚，并且画出栽植状态的平面图。了解树木的来历是传达树木空间不可欠缺的工作。

06

把 01–04 中描绘的、调查的树木空间，设定为公园或休憩场所等具有功能的空间。

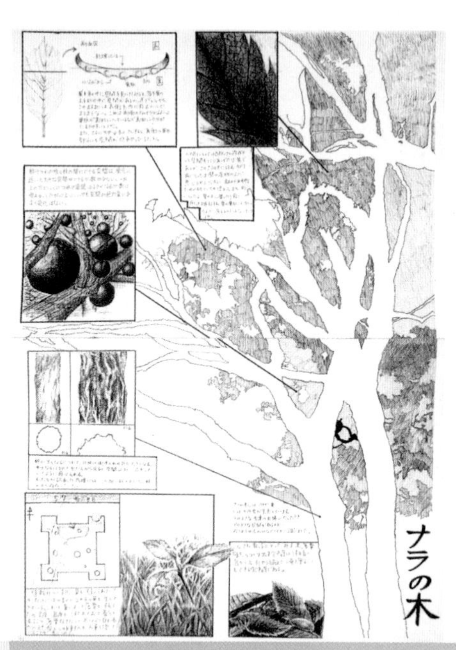

05-1

05-2

05-3

06-1

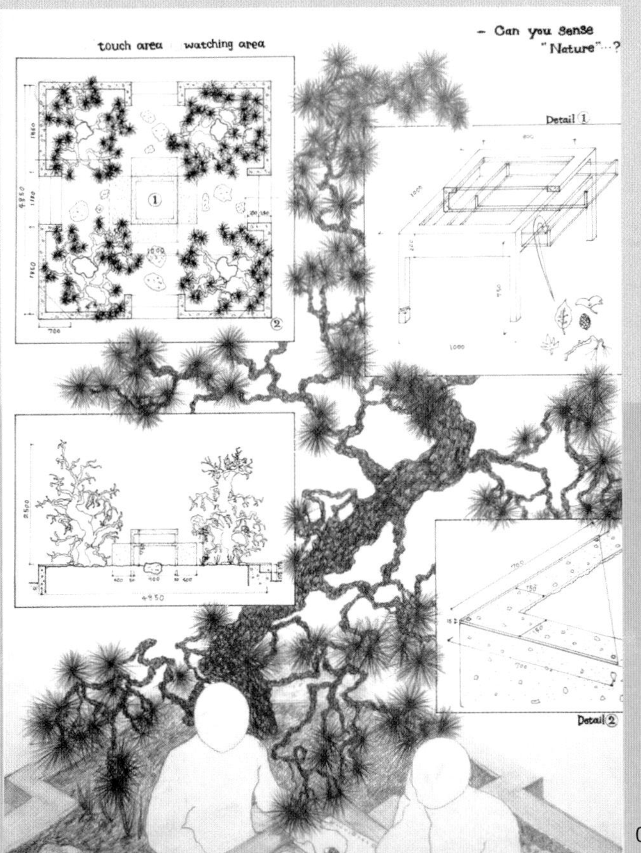

06-2

06-3

丸山点睛

02、03都是由多个树木营造的空间作品，加入水平切割的断面图更好地表现了空间。03-2、03-3是从下仰望树木，蓬松柔软的画法很舒服。04强调了树与树之间的空间特征，用夸张及改变视点的方法描绘，带来了全新的空间感受，传递出看到对象本质的感觉。05一看就知道是进入所选树木空间内部描绘的作品。05-3是认真观察枝叶用自己独特的表现方式展现树木的状态和组织的结果。06对栽植状态的提案感觉很舒服，每一个作品都添加有新元素，活用树木空隙创造新环境的态度令人欣喜。

2-1

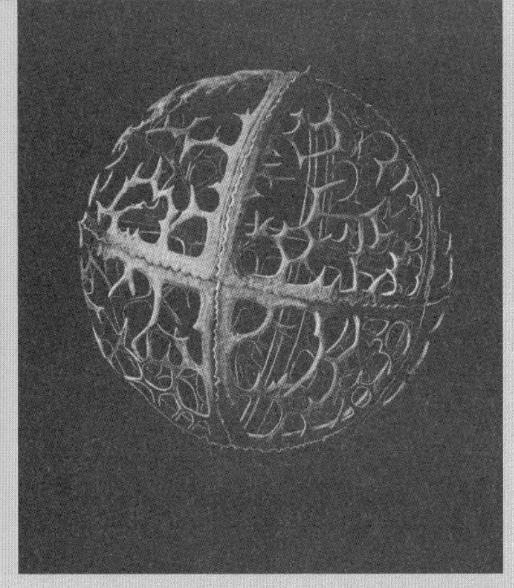
2-2

2-3

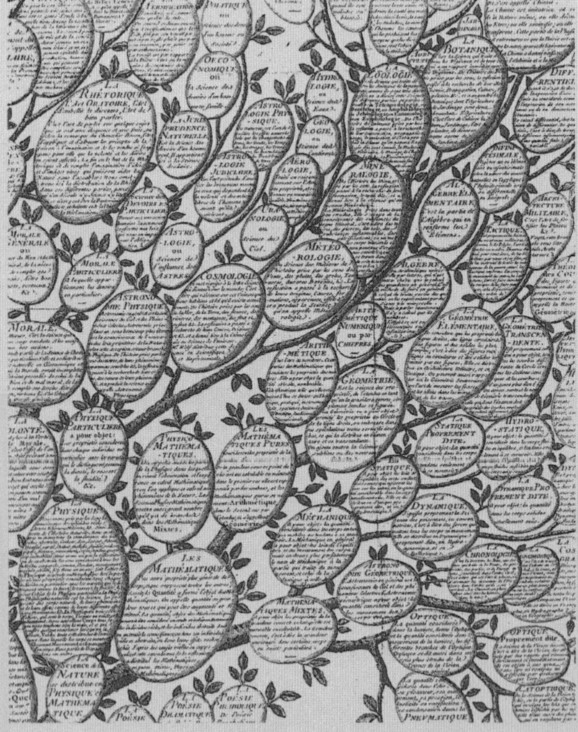
2-4

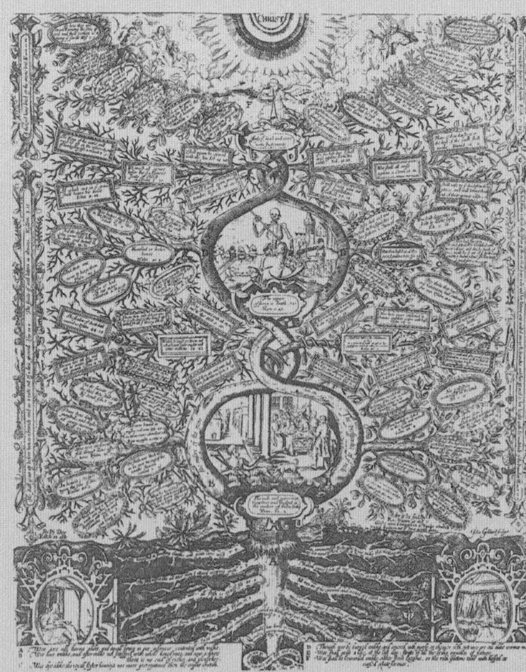

2-5

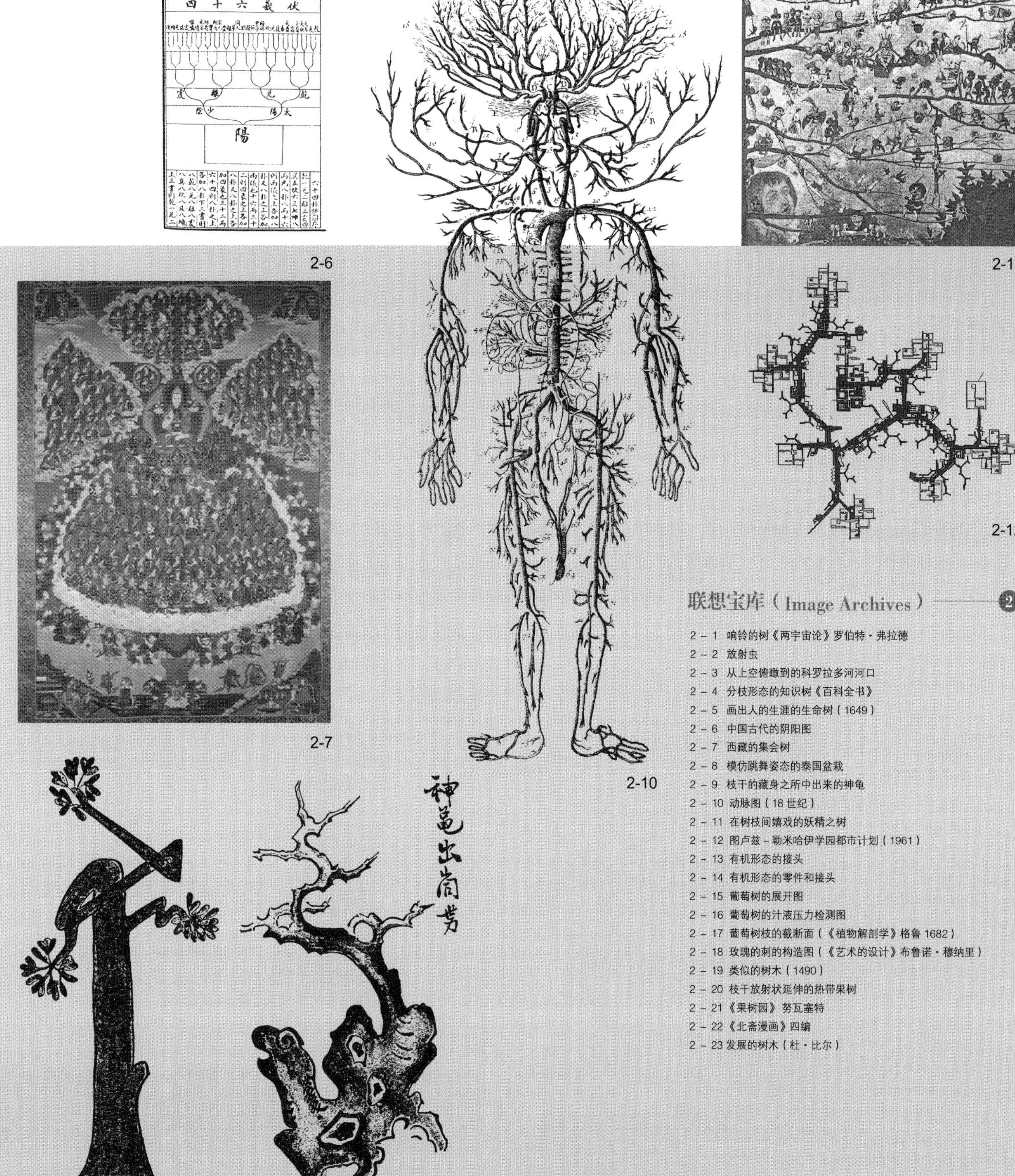

2-6

2-7

2-8

2-9

2-10

2-11

2-12

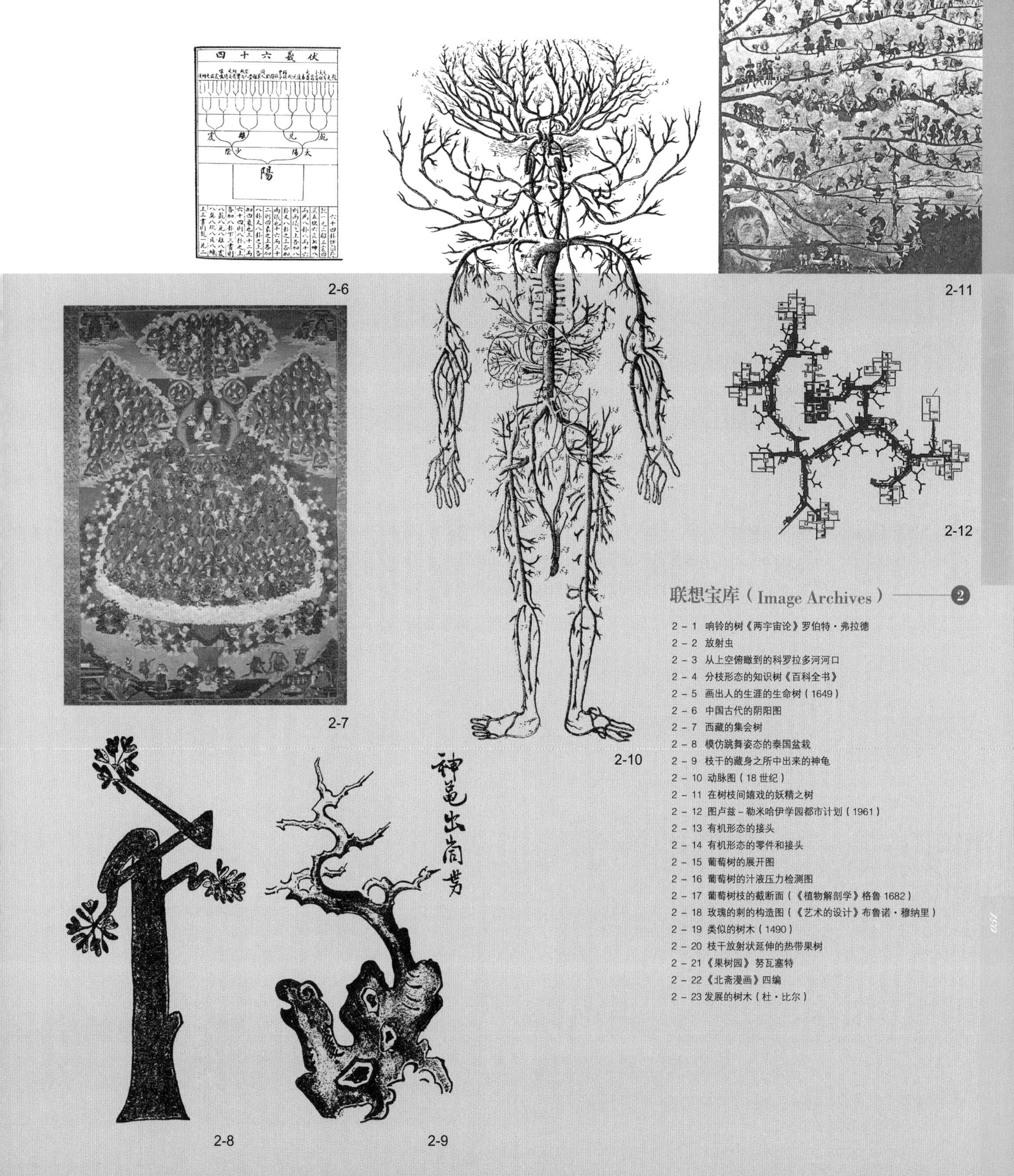

联想宝库（Image Archives） 2

2－1　响铃的树《两宇宙论》罗伯特·弗拉德
2－2　放射虫
2－3　从上空俯瞰到的科罗拉多河河口
2－4　分枝形态的知识树《百科全书》
2－5　画出人的生涯的生命树（1649）
2－6　中国古代的阴阳图
2－7　西藏的集会树
2－8　模仿跳舞姿态的泰国盆栽
2－9　枝干的藏身之所中出来的神龟
2－10　动脉图（18 世纪）
2－11　在树枝间嬉戏的妖精之树
2－12　图卢兹－勒米哈伊学园都市计划（1961）
2－13　有机形态的接头
2－14　有机形态的零件和接头
2－15　葡萄树的展开图
2－16　葡萄树的汁液压力检测图
2－17　葡萄树枝的截断面（《植物解剖学》格鲁 1682）
2－18　玫瑰的刺的构造图（《艺术的设计》布鲁诺·穆纳里）
2－19　类似的树木（1490）
2－20　枝干放射状延伸的热带果树
2－21《果树园》努瓦塞特
2－22《北斋漫画》四编
2－23 发展的树木（杜·比尔）

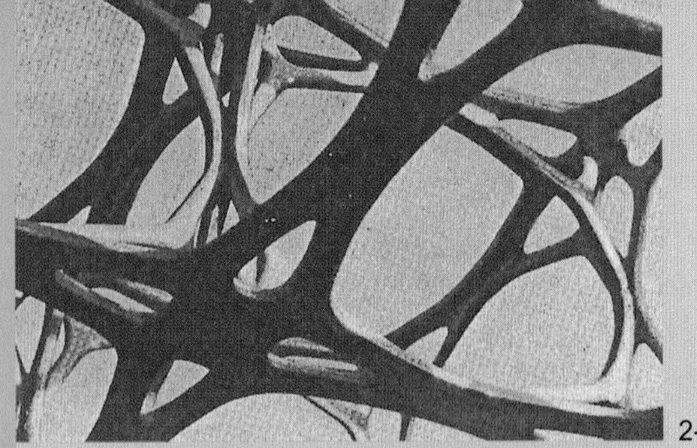

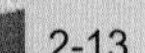
2-13

2-14

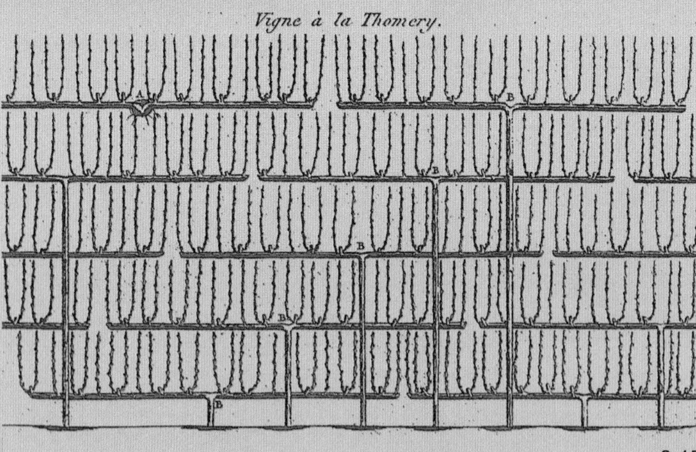

2-15

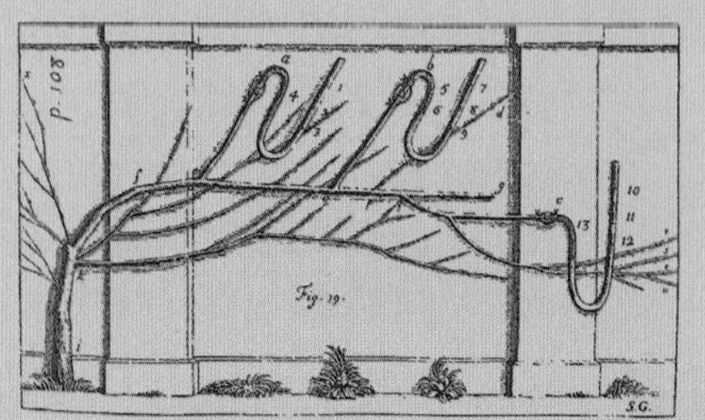

2-16

2-17

2-18

2-19

2-20

树枝的空间 Lesson 2

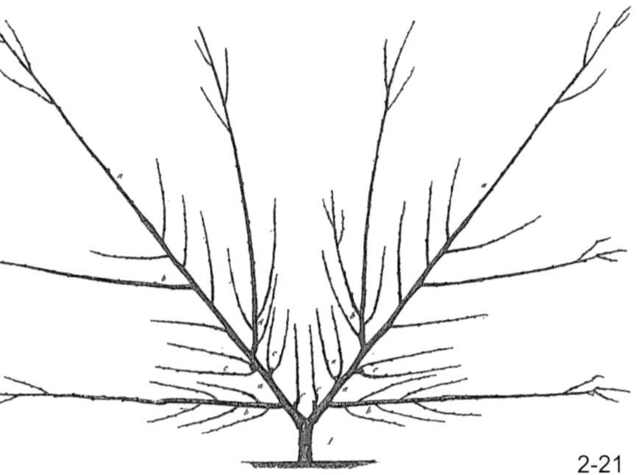

2-21

2-22

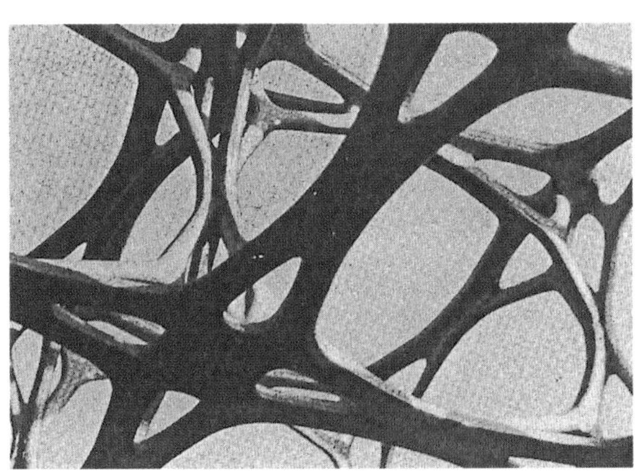

2-23

包括人类在内的所有生命物种都可分为能移动的和不能移动的两大类。动物为觅食、寻找栖息地以及繁殖子孙而移动。植物却除了一部分沙漠植物以及飞散的种子、菌以外都是无法移动的，停留在某一处，面对风 、霜、雨、雪以及气温和湿度的变化，持续生长。在这里有植物为繁衍子孙创造的巧妙的生活空间。

几乎所有树木的枝都是从干向四周不规则延伸、分枝，形成空间。支撑树木整体的根茎也同样创造出美丽的地下空间。站在树林中向天空望去，可以看到枝叶为避免相互重叠向四周扩展，形成各种形态的空间。争夺阳光的叶子下面的空间以及树枝之间产生的区域，为鸟虫们提供了捕食和休憩的舒适场所。

树木的形态、空间是为了生存而发展出来的。干、枝、叶、叶脉、花等都是必然产生的形态，可称为“用之美”。本课不局限于树木形态，而是以鸟虫的视点去观察描绘树枝之间的空间，捕捉为了生存而存在的树木的生活空间。

作业步骤

02-1

02-2

01

选择榉树、樟树、朴树等树枝向四方扩展、分枝多的树，从上下左右仔细观察捡来的树枝，探索枝、叶、叶脉中蕴藏的形状和空间。

02

用木炭和铅笔边描绘边思考为什么会有这样的形状和姿态。用多根线条重叠勾勒树枝的形状，画的时候注意感受其中蕴藏的空间。

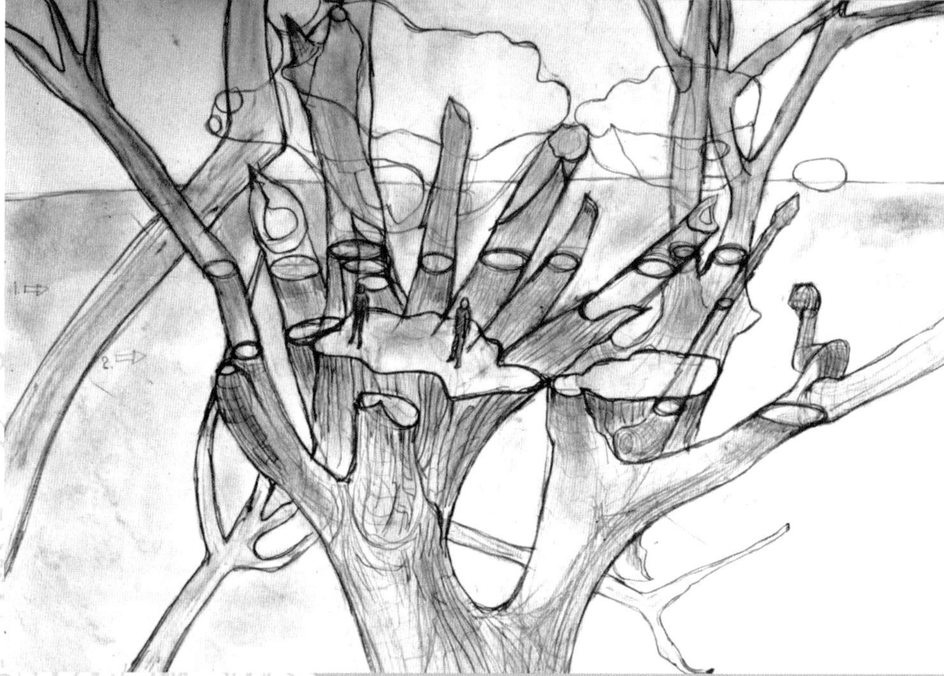

02-3

03

描绘时将树枝形态单纯化、抽象化，加入水平图、断面图，用透明水彩上色。加入人物、地平线使画面马上立体起来了。

04

像虫子一样进入树枝之间观察周围，能看到弯曲地方的树杈和树枝的外皮。在黏贴着画纸的三角形模型上画出树枝围绕出的空间轮廓。

05

用油土作出抽象树枝分叉处，空间会更加清晰，最后用素描表现出来。

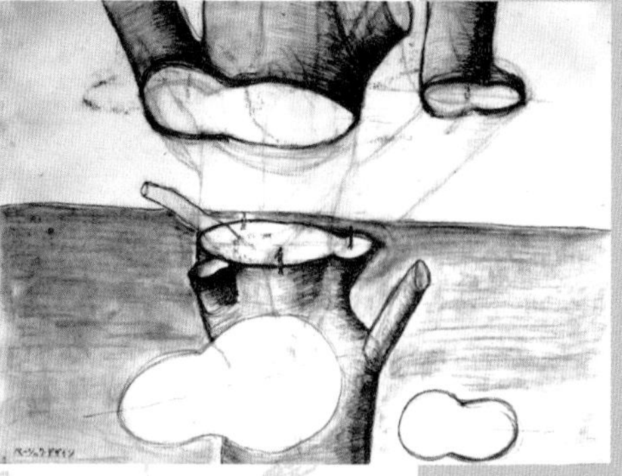

02-4

02-5

04-4

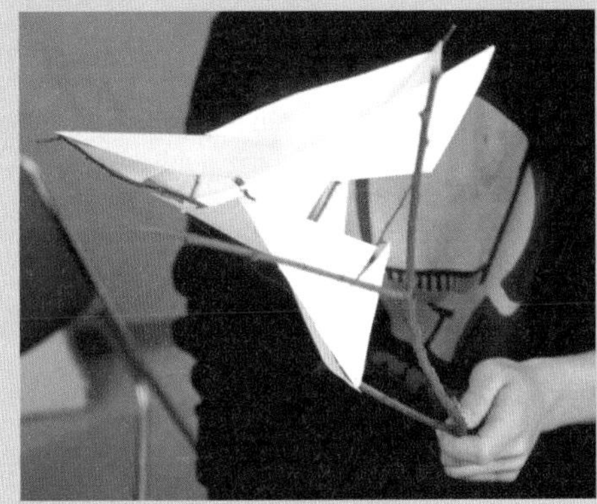

04-1

04-2

04-3

05-1

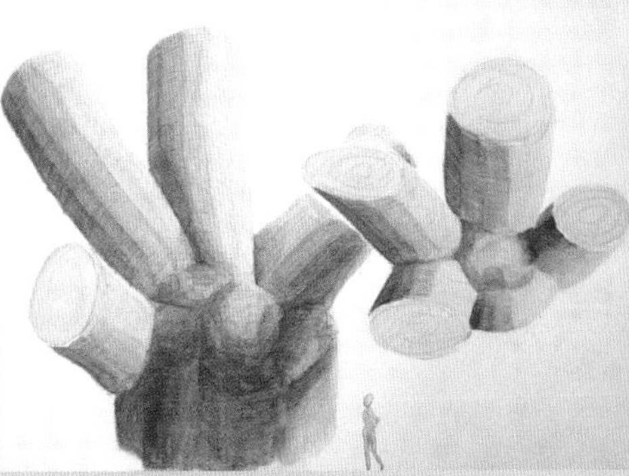

05-2

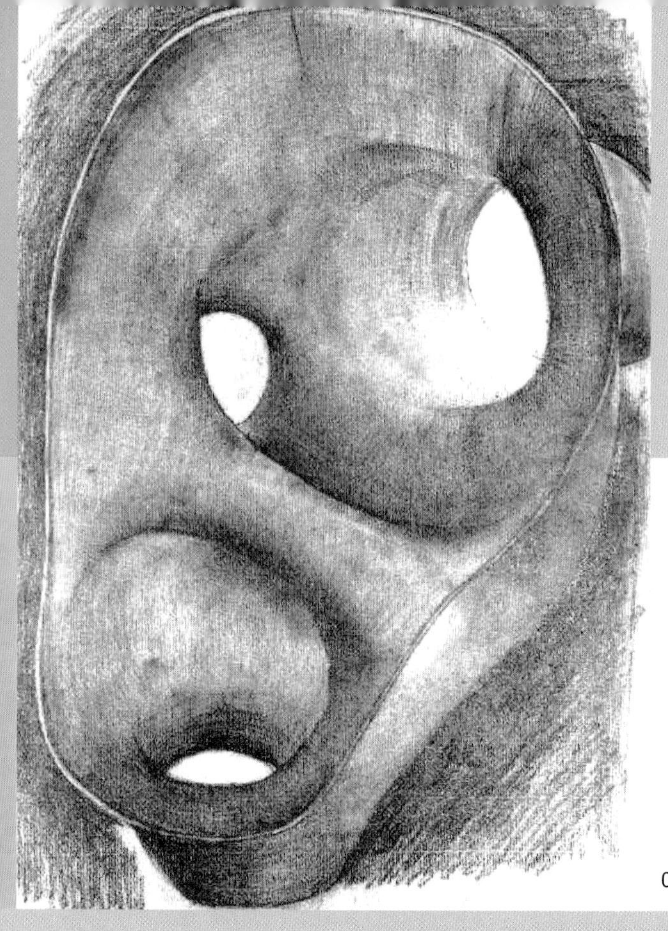

06-1

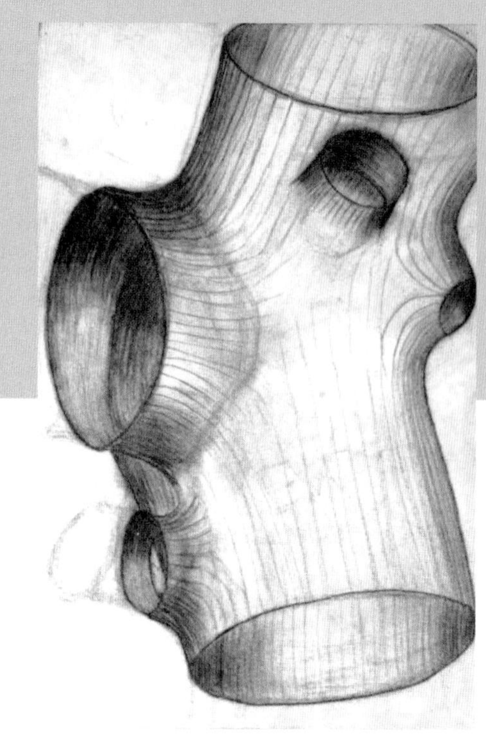

06-3

06

缠绕石膏绷带，去除里面的油土，然后把树枝之间交错的空间画出来。

07

分组组合几个人的作品，用素描表现出来。

08

赋予这个空间某种机能，加入人物和地平线，画出来。

06-2

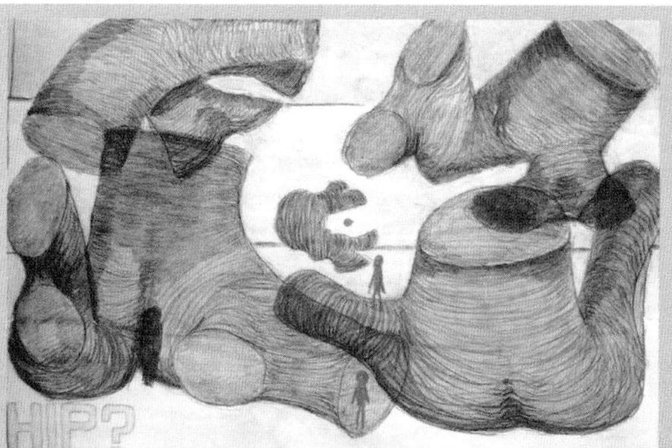

07-1

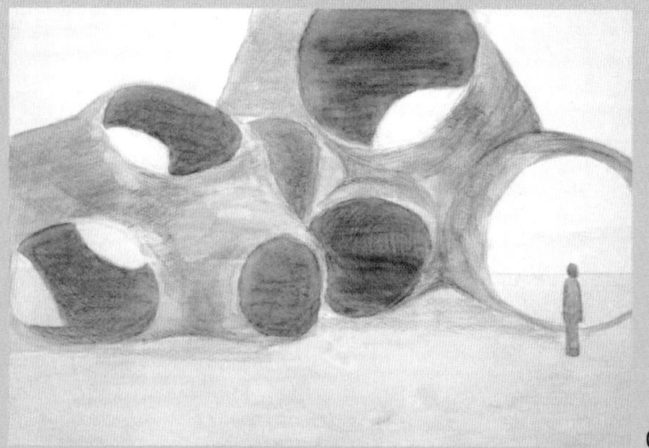

07-2

08-1

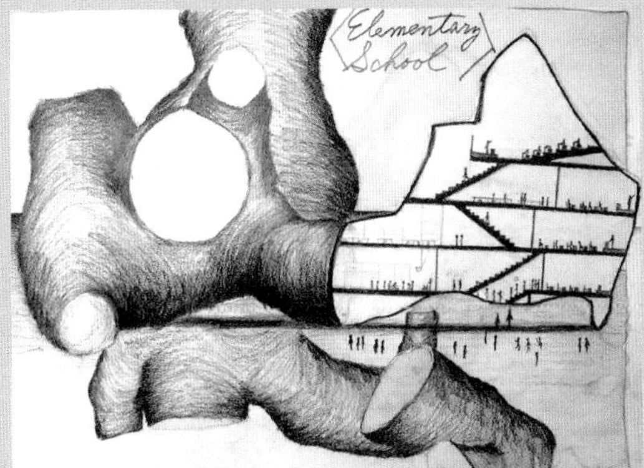

08-2

08-3

丸山点睛 

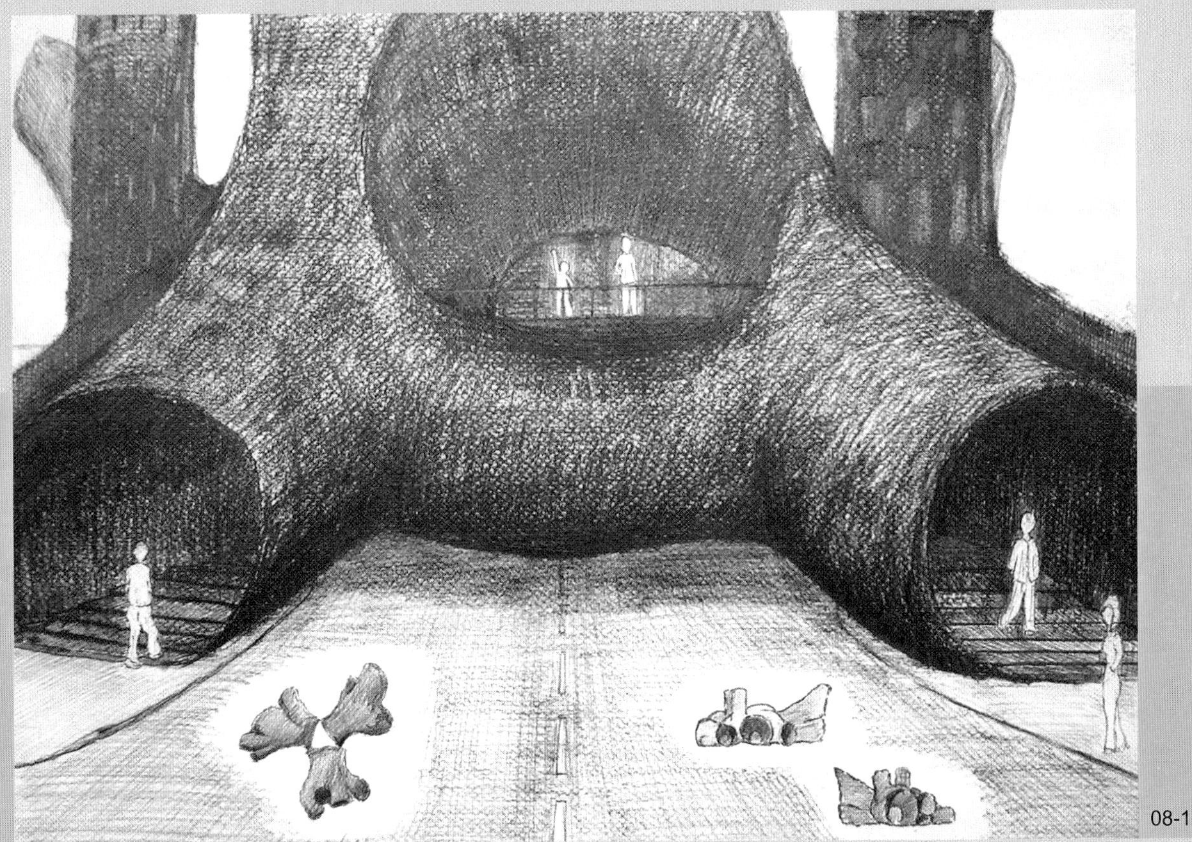

02–1 中樱花树撑满整个画面的表现很好。03–1、03–2、03–3 描绘的是树杈处的空间。04 的树枝空间模型的空间结构表达清晰。05 在用油土塑形后看起来不再是枝杈空间的变化，很有意思。06 中再现内部掏空后的树枝空间呈隧道状展开，内外连接处用拓扑结构表现的形式令人惊叹。07 值得称赞的是结合多个模型时空间连接处的表现。08 在放入人物、限定规模之后，曲面形成的形状和空间拥有了不可思议的力量，带来了活力。

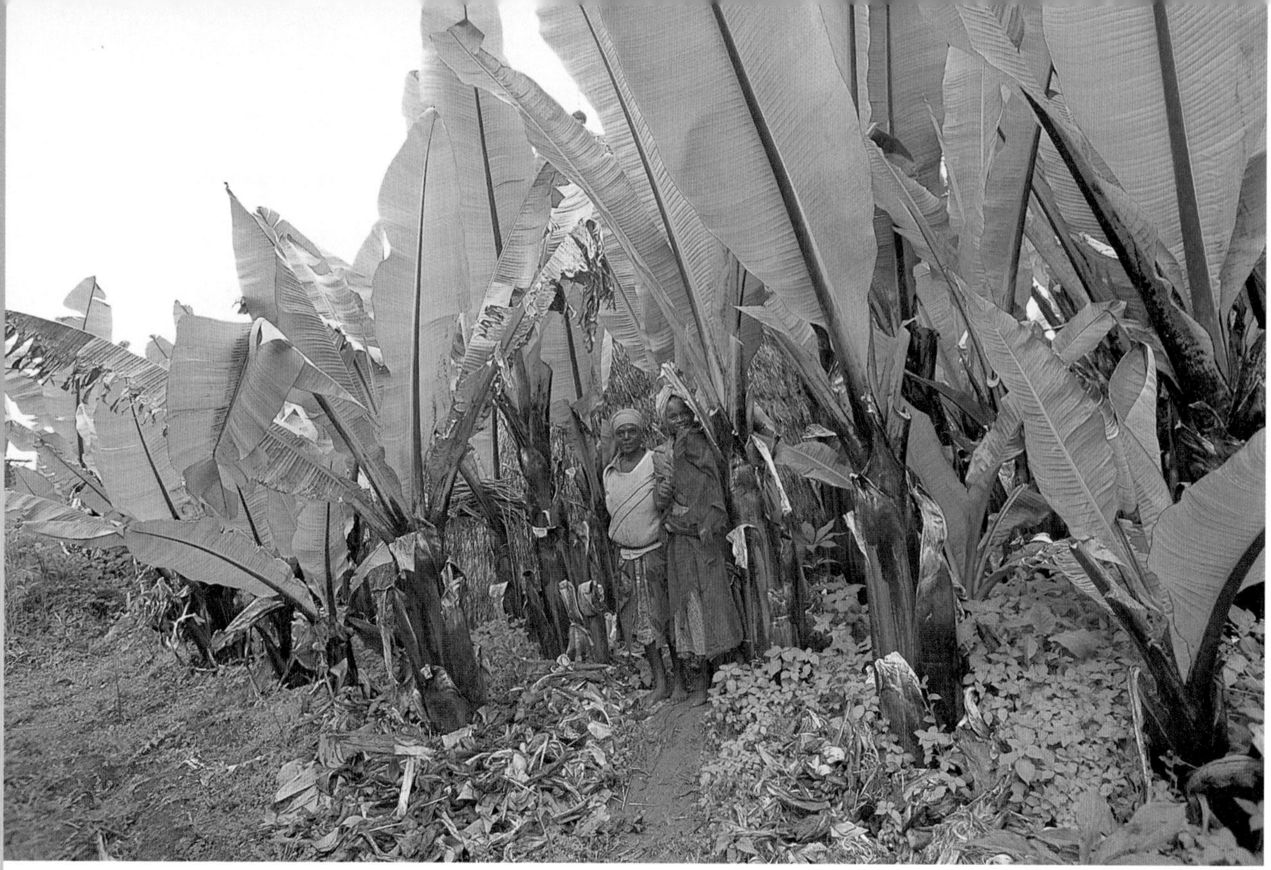

3-1

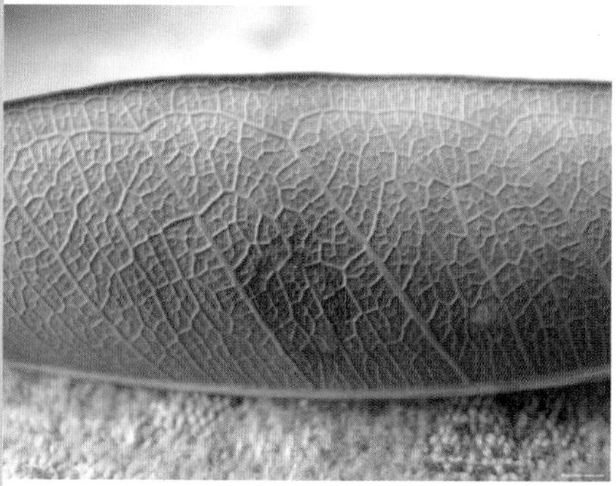

3-2

3-3

3-4

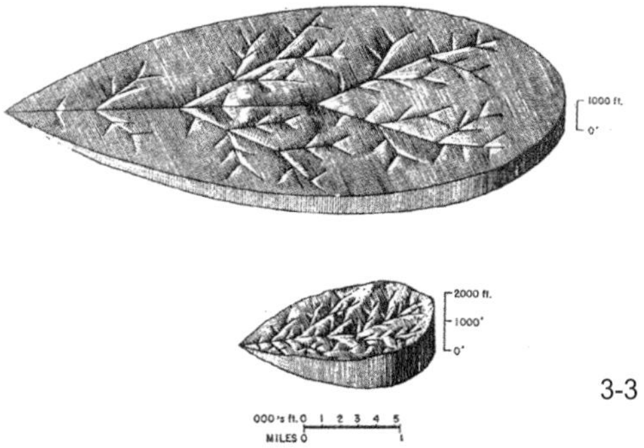

3-5

3-6

3-7

生物诞生后经历生长、繁殖、衰败、腐朽后迎接死亡。有的成为别的生命的营养源，孕育新生命。秋天开始变色，一点点枯萎，最后从枝干上落下的枯叶，可以说是承接下一个生命体的一个过程。叶子变色、枯萎是和气候变化紧密相关的。我们总是禁不住被即使枯萎却依然保持美丽外形的植物所打动。季节的变换和事物的衰亡让我们知道万物无常。

虫子筑巢用的枯叶空间外形好看且卷曲，是因为叶子干燥收缩自然形成的。对于虫子来说，这就像包裹在阳光之中、让人安心的家。降低视点把自己当成虫子，进入这个空间内部进行描绘。为了下一步将空间视为块状物体研究，先用油土进行制作。你一定会发现从未看到过的形状及空间。

3-8

3-9

3-10

3-12

联想宝库（Image Archives）3

3－1 巨大叶子的象腿蕉可以磨碎后食用（埃塞俄比亚）
3－2 细节放大的枯叶
3－3 河川排水构造模型图
3－4 伪装成植物的叶虫
3－5 拟态酷似枯叶的昆虫
3－6 身着树叶服装的男女《莎士比亚花坛的花谱》
3－7 葡萄园主《西洋工匠服饰图》
3－8 可以看到叶脉的卷叶
3－9 将两片树叶缝起来装饰鸟巢外壁的缝叶莺
3－10 吃叶子的飞蛾
3－11 孟德尔定律的图解
3－12《旧约圣经·约伯记》约翰·雅各布·居泽尔（1723）

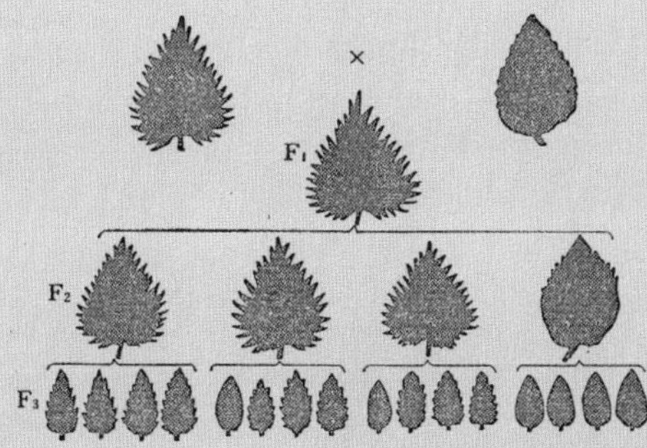

3-11

作业步骤

01

寻找稍稍拧着或者弯曲的枯叶，将它放在手上或是纸上，降低视点仔细观察其空间。选择可以表现出空间特征的角度进行描绘。

02

进入枯叶内部，在画面上添加地平线和人物，描绘时注意表现深度、立体感、规模。进入内部描绘的方式让人看到张力所形成的空间，而不是枯叶这个题材。

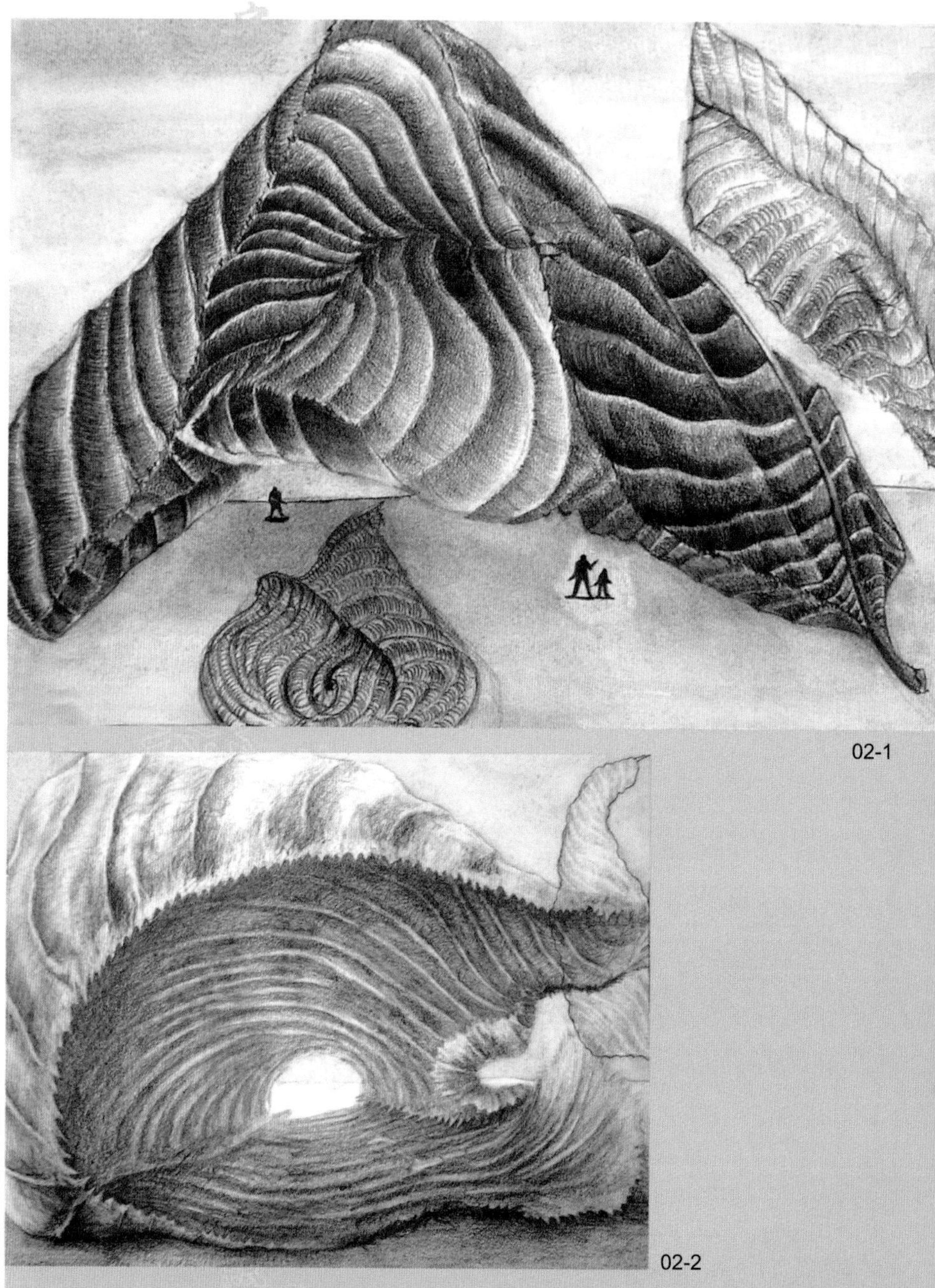

02-1

02-2

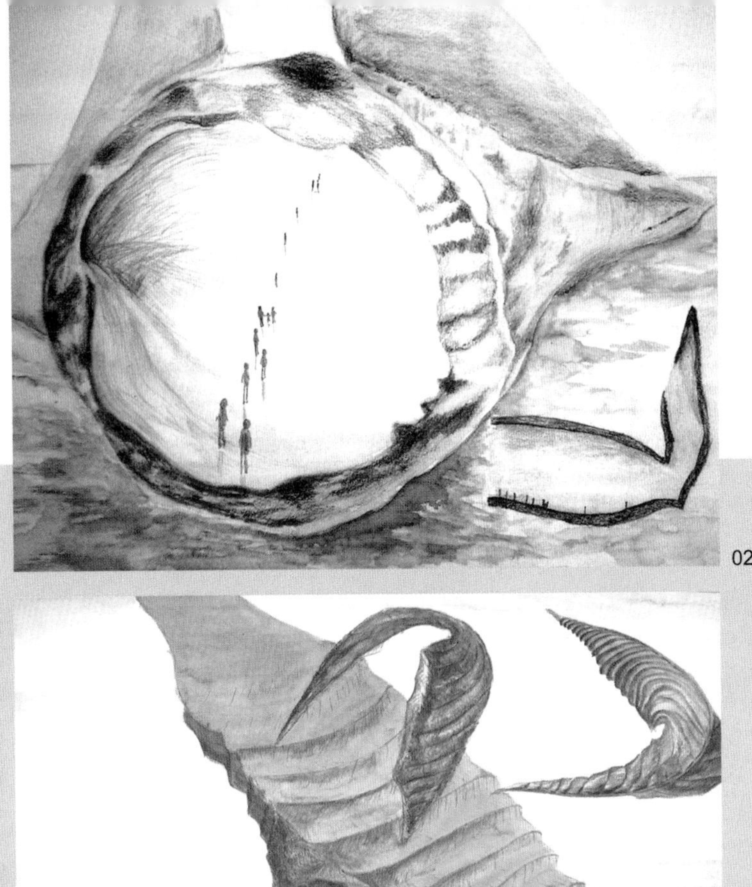

02-3

02-4

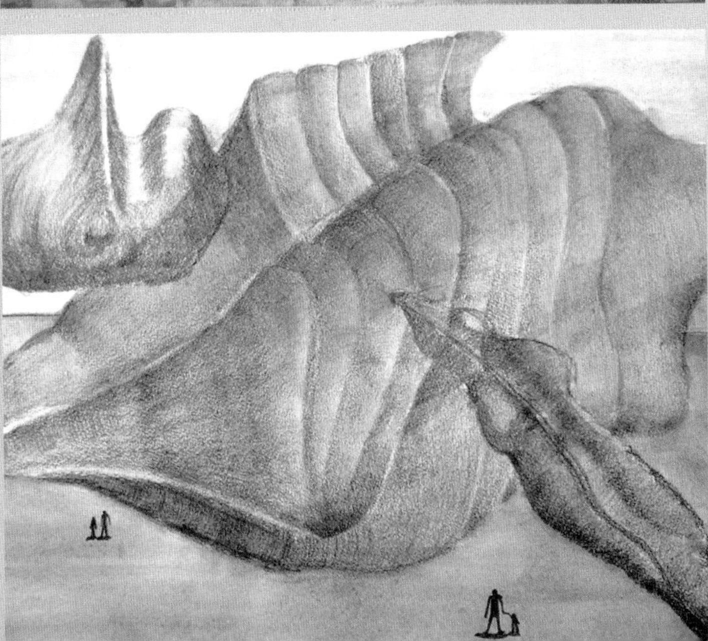

02-5

03-1

03-2

04-1

03

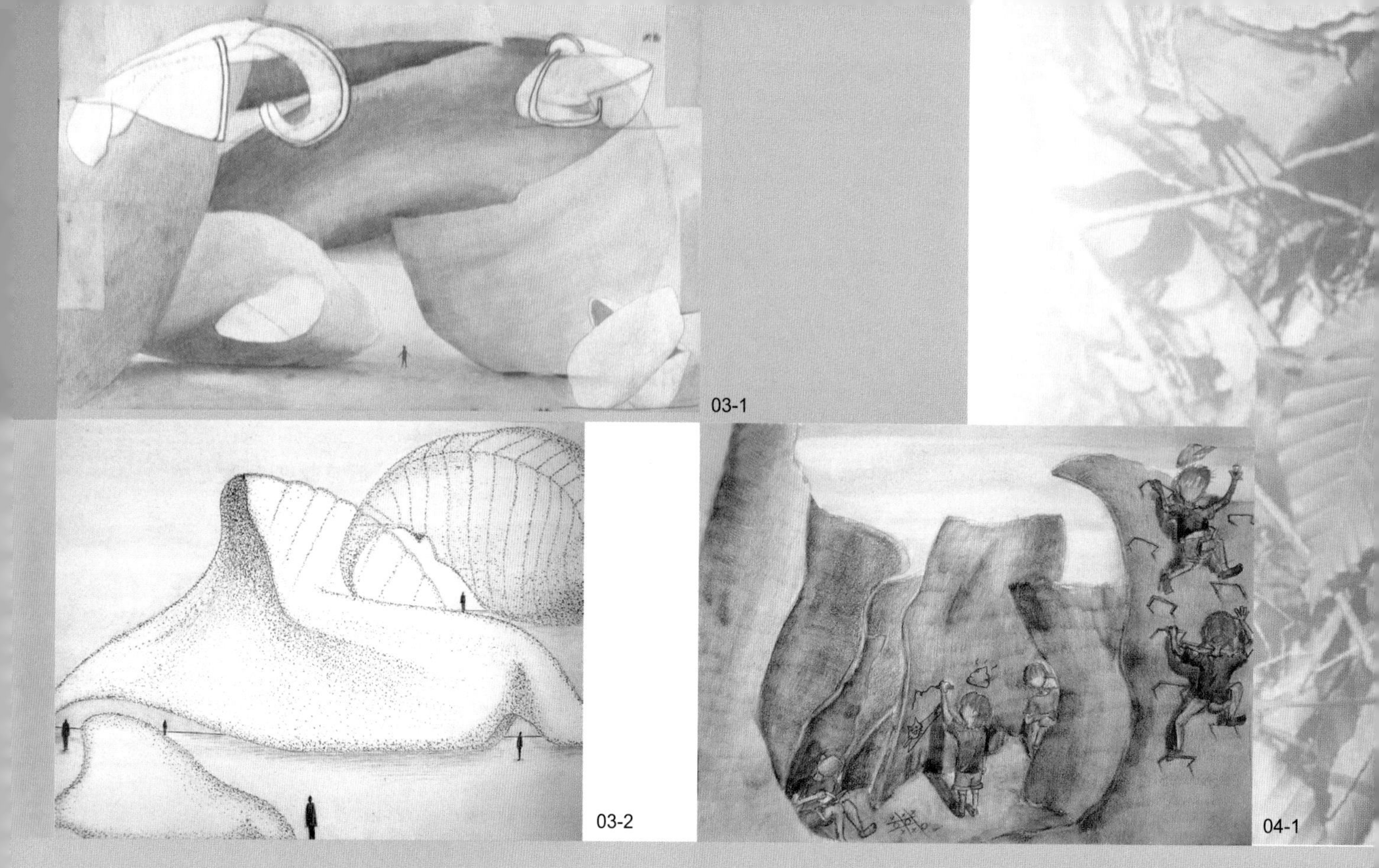

将 02 的画面进一步抽象化，添加地平线和人物。

04

集合他人的作品，赋予空间功能。最后添加想到的诗句或者表现空间的话语。

04-2

丸山点睛

02 的几幅真实的枯叶空间中，因为人物的加入，空间有了规模感，感觉就像进入幻想中的空间世界。03 因其抽象化描绘，呈现出不可思议的、富有诗意的空间，让人心情舒畅。04–1 中增添了人物和质感的描绘，甚至还表现出氛围和用途。04–2 的画面添加从空间中感受到的诗句和拟声词让空间更柔和，带给人深刻的印象。

4-4
4-9
CELTIC Temples
4-1
4-5
4-10
4-6
4-11
4-2
4-7
4-3
4-8

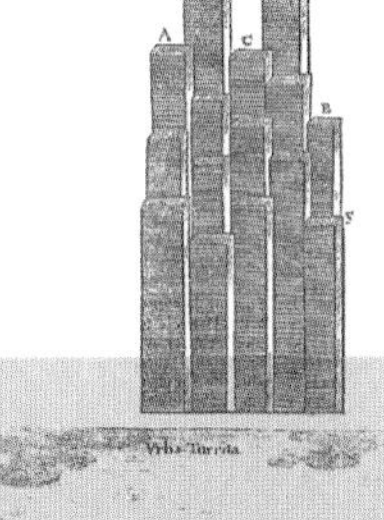

4-12

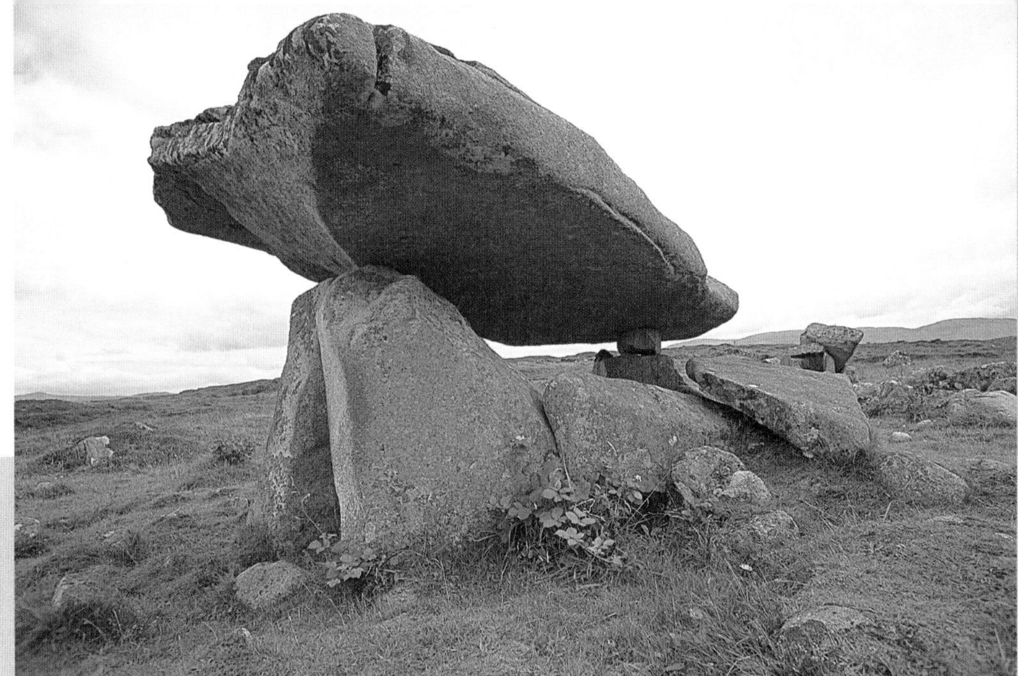

4-13

4-14

4-15

4-16

4-17

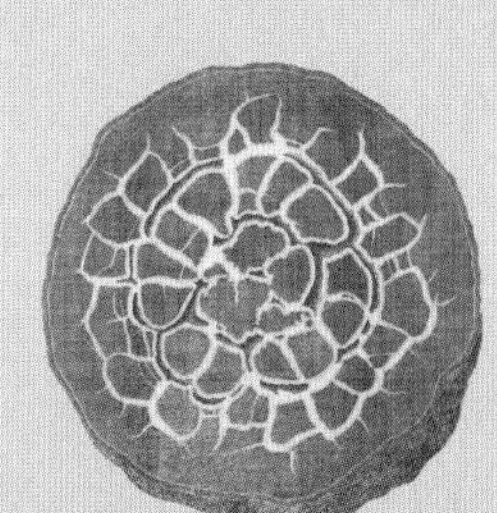

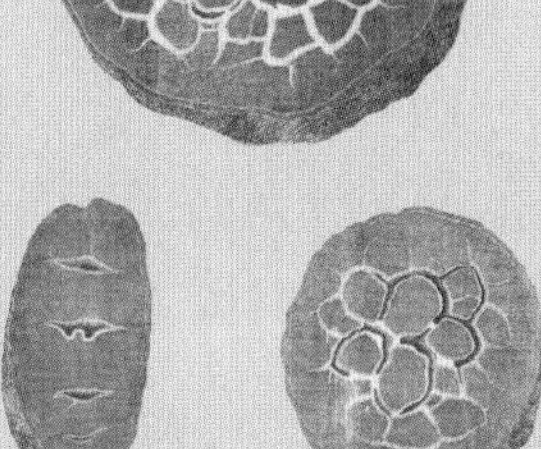

4-18

4-19

联想宝库（Image Archives） 4

4－1 看上去像人物侧面像的岩石（北威尔士）
4－2 复活节，摩艾石像
4－3 再现巨石阵的画作
4－4 齐场御岳（冲绳）
4－5 凯尔特人的石圈
4－6 环状列石（日本青森县）
4－7 女王岩石（中国台湾野柳海岸）
4－8 《石的眼和耳》让・巴普蒂斯特・罗比纳（1768）
4－9 酷似印第安人面部的岩石（中国台湾太鲁阁溪谷）
4－10 岩石上雕刻的四位大总统的面孔（美国拉什莫尔山）
4－11 石头画（英国）
4－12 克尔彻的罗马字母化石、平行排列的石头、石塔
4－13 爱尔兰凯尔特的支石墓
4－14 奈良县明日香村的石舞台古坟
4－15 石头盆景《小有洞天》
4－16 要石，压住鲶鱼的头
4－17 雅浦岛的石币
4－18 爱丁堡出土的龟甲石
4－19 建筑师的庵（葡萄牙北）
4－20 舒伯特博士《矿物学》（1880）
4－21 搬运巨石的船
4－22 蜥蜴变成石头的传说
4－23 《圣山的宝物》（尼古拉斯・罗瑞克）
4－24 水晶之谷《阿尔卑斯建筑》（布鲁诺・陶特）
4－26 德国中世纪投石机
4－27 皮拉内西描绘的古代罗马墓庙建筑的想象图（1756）
4－28 画在大理石上的古代罗马的各式建筑平面图

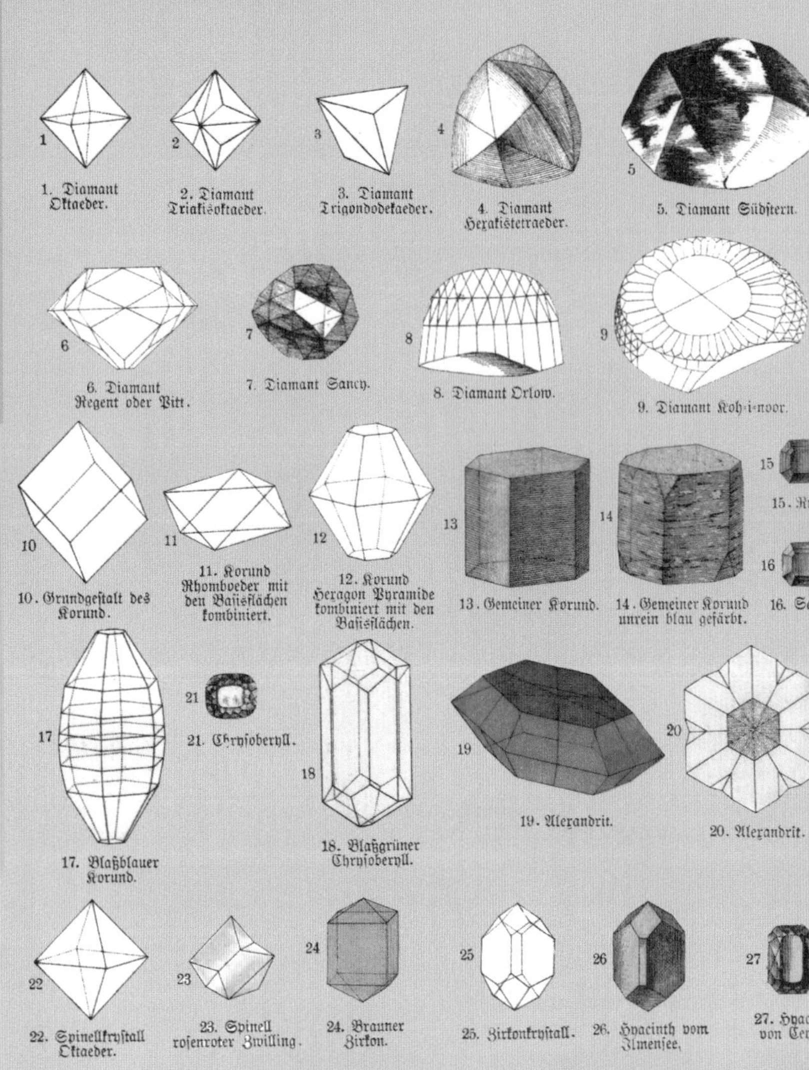

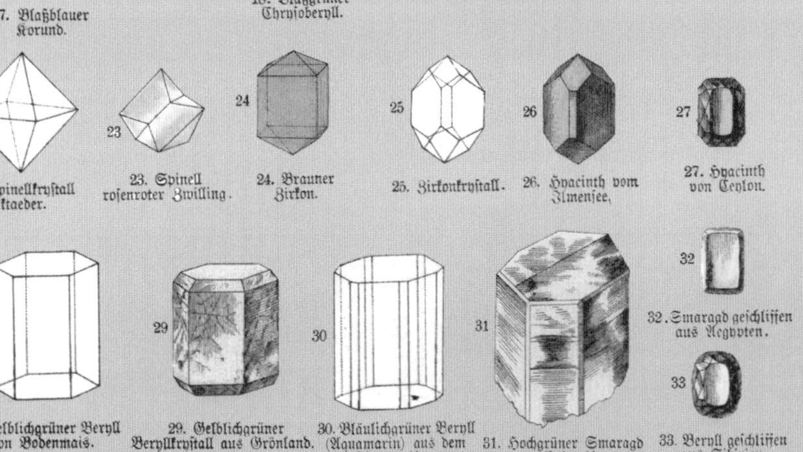

4-20

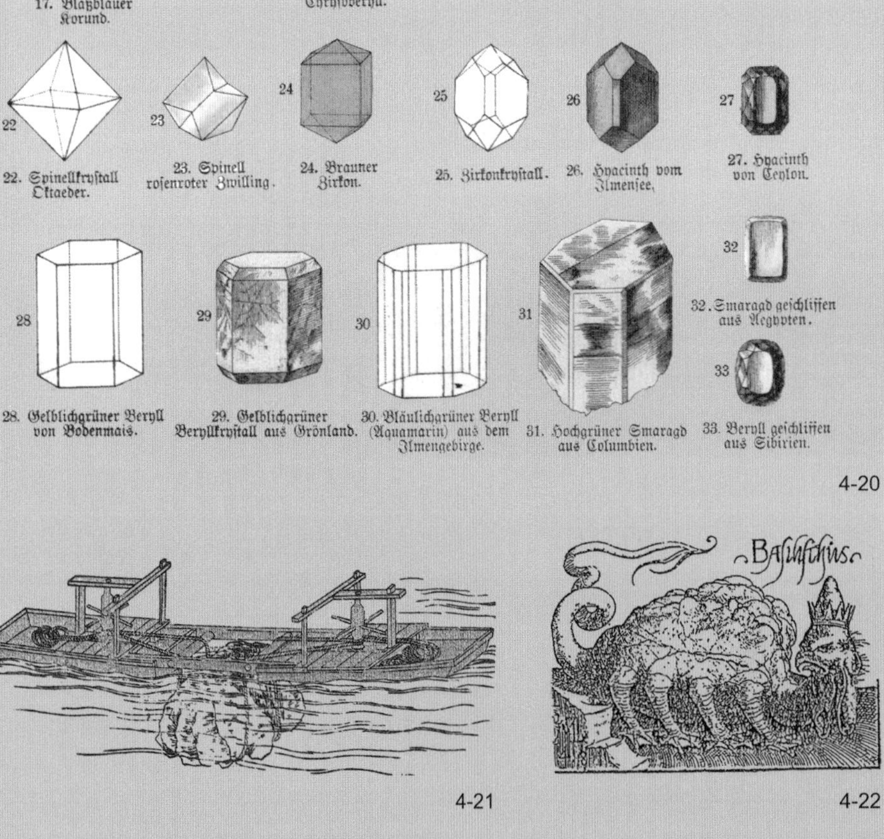

4-21

4-22

4-23

4-24

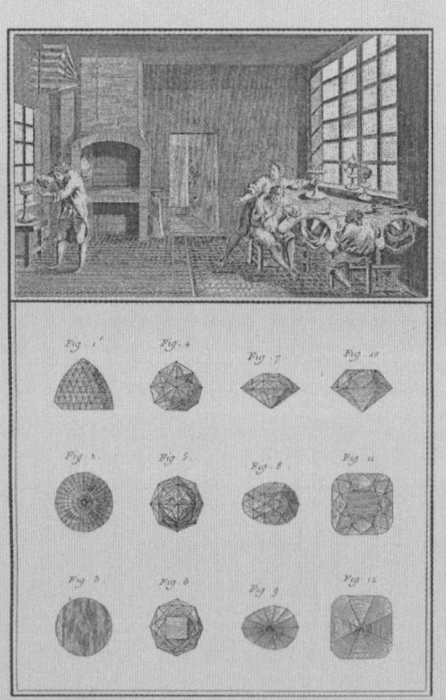

4-25

石头构成的空间

Lesson 4

石头的形制受气温、湿度、风雨、冰雪、波、光等自然现象的影响。有的石头存在几亿年却因为温差一点点崩坏，慢慢成为土或沙的一分子。

石头有调节地表温度的作用。石头下面有虫子居住着，在阳光下储存湿度，为动植物的生存提供了重要空间。当不再把石头当作一种无机质素材，而是把它视为接受自然界影响长时间生长而成的有机物看待时，石头创造出的空间就会生动地展现在我们面前。

我们还可以尝试想象进入石头内部。人周围所有的物质都是由分子、原子组成的。岩石或石头等矿物伴随地球诞生一点点成形。在高温高压的作用下，原子排列顺序会重新组合，形成更为稳定的分子构造，产生的各种结晶就是矿物。人们常常会注意结晶的美丽外形，而在这里我们要认真观察结晶所创造出的空间、组织结构。

元素所构成的结晶有肉眼可见的，还有通过电子显微镜才能看到的。组成元素的单位是几何体和它的组合。探索元素的规律的排列方式，帮助我们了解极限状态下生成的形态和天然的空间造型。

4-26

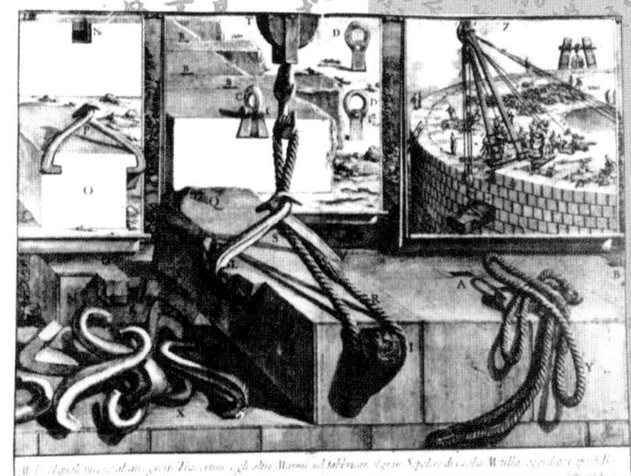

4-27

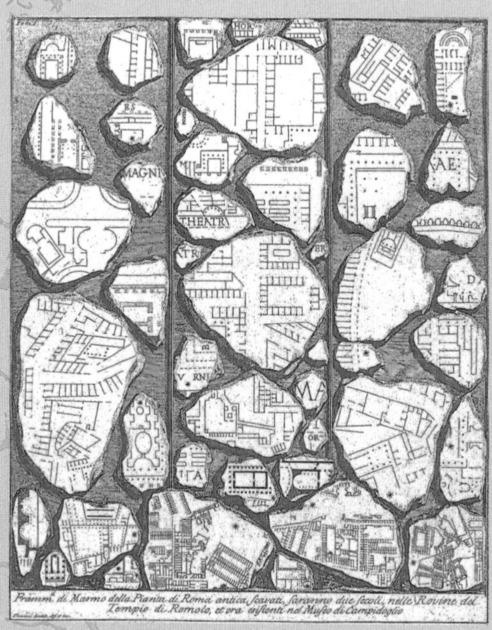

Frammi. di Marmo della Pianta di Roma antica scavati, saranno due secoli, nelle Rovine del
Tempio di Romolo, et ora esistenti nel Museo di Campidoglio

4-28

作业步骤

01

需找三块凹凸不平的、能握在手里大小的石头。将石头清理干净放在掌心感受它。可以闭上眼睛握紧石头体会它的触感和带给自己的身体感受，注意记住石头的重量。

02

将三块石头摆放在一起，抽象化描绘出来。添加平面图和断面图。

03

在纸盒里任意摆放三块石头，让它们紧挨着容纳在一个空间内。在外部空间添加人物进行描绘，尽量降低视点至贴近地面，拉近距离。

04

用油土塑造石头周围的空间，并画下来。

05

在油土上敷一层石膏，干燥后掏出油土就会看到三块石头的内部空间和石头之间的空间结构。把这两个空间都画下来，附上各自的平面图。

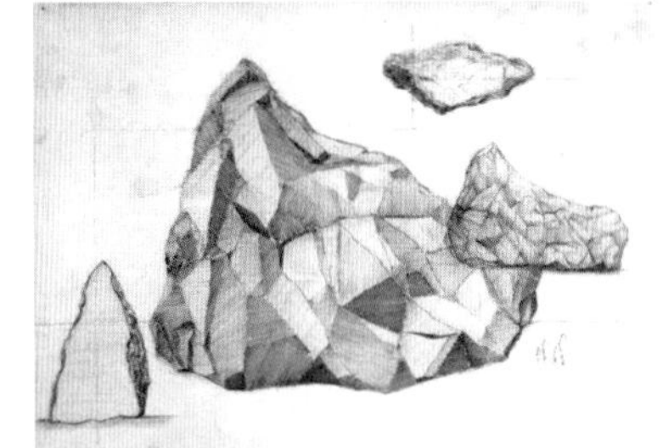

02-1

02-2

02-3

03-1

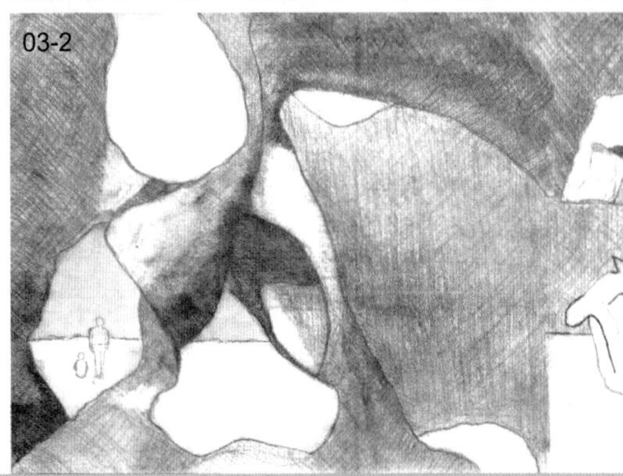

03-2

03-3

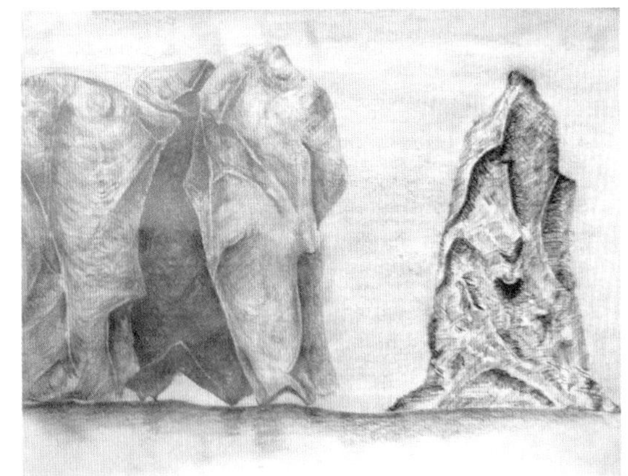

04-1

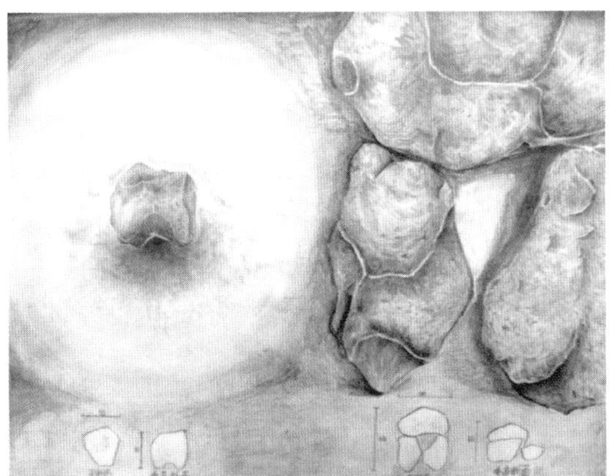

04-2

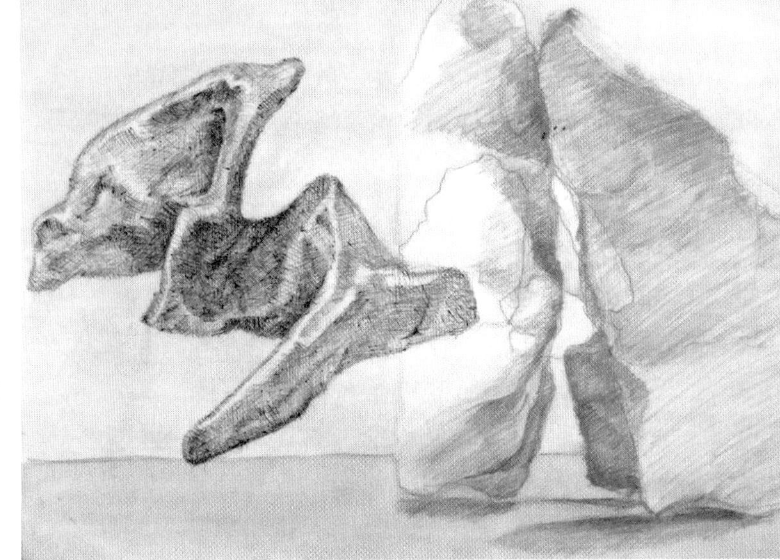

05-1

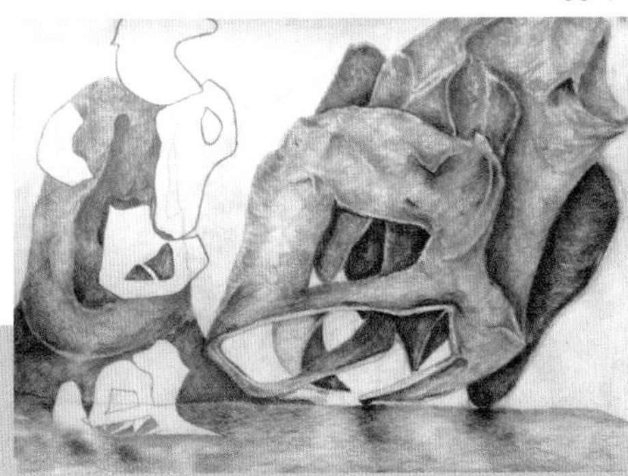

05-2

05-3

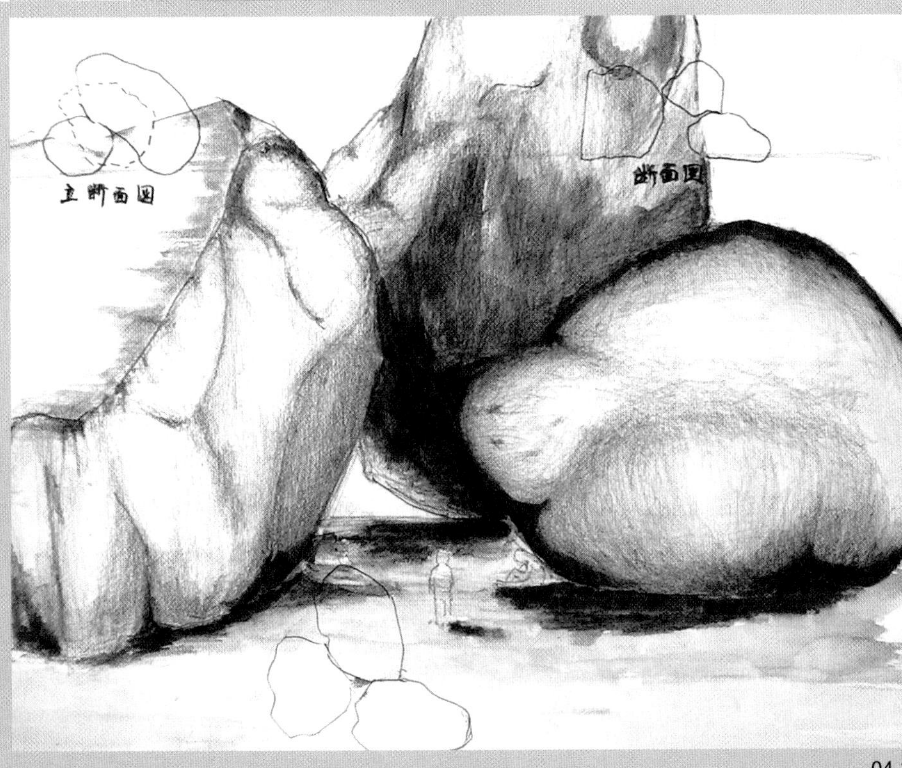

04-3

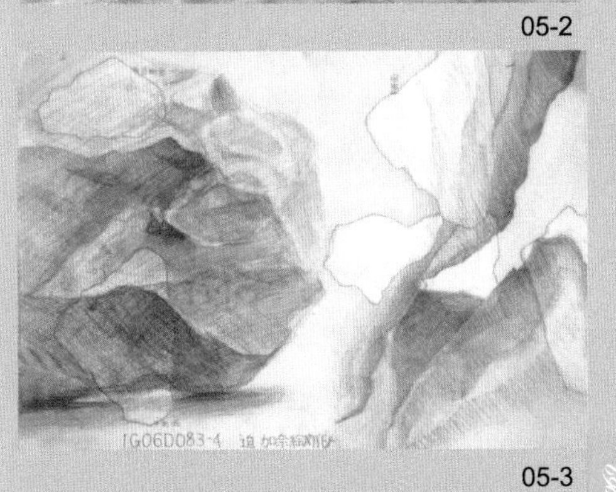

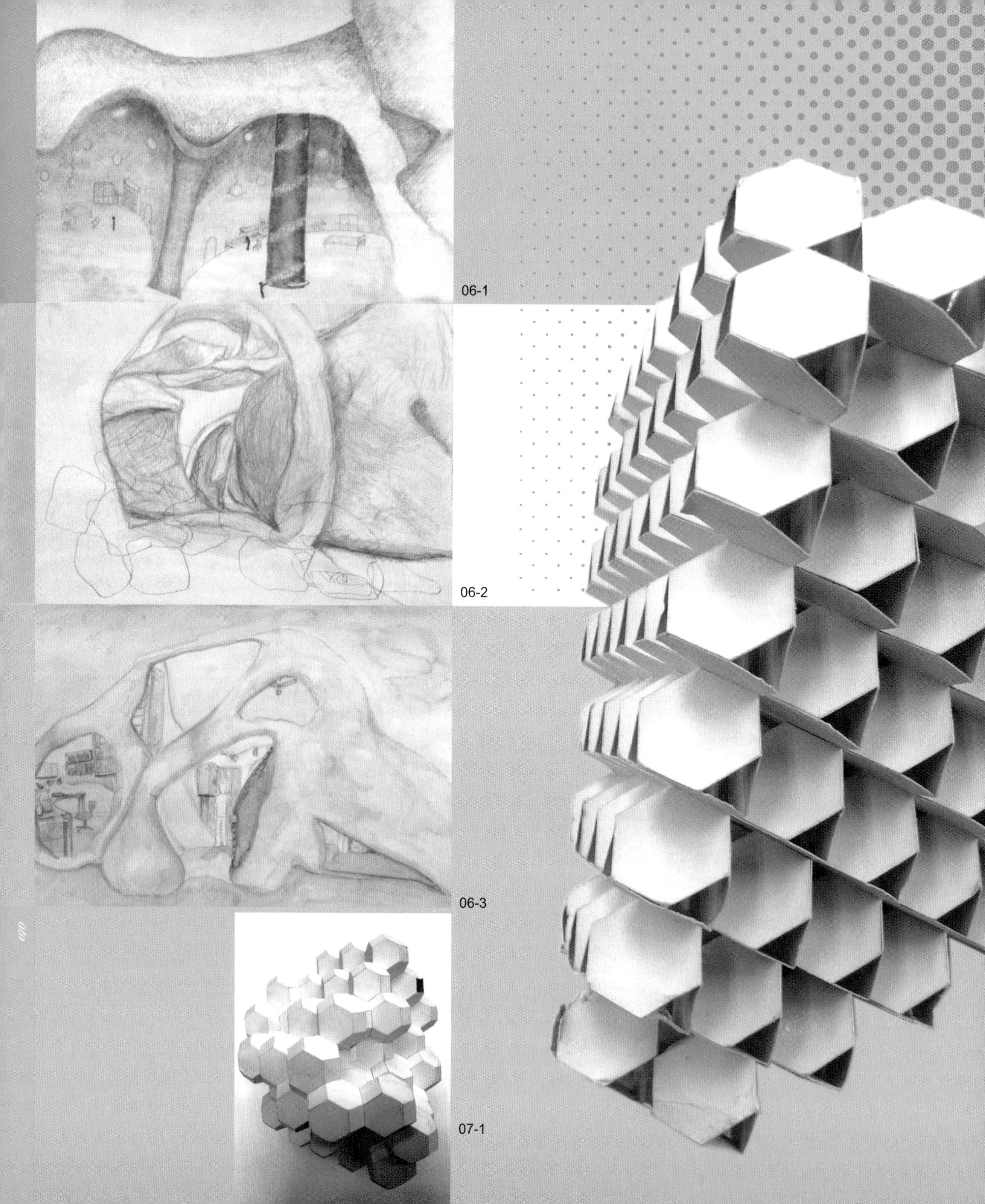
06-1
06-2
06-3
07-1

06

给 05 赋予功能并画下来。

07

假设能进入石头内部，就可以看到结晶聚集起的世界。用绘图纸做几个结晶体模型并连接在一起。

08

试着将视点放到几何体之间的空隙处进行描绘。加入平面图和断面图。

08-1

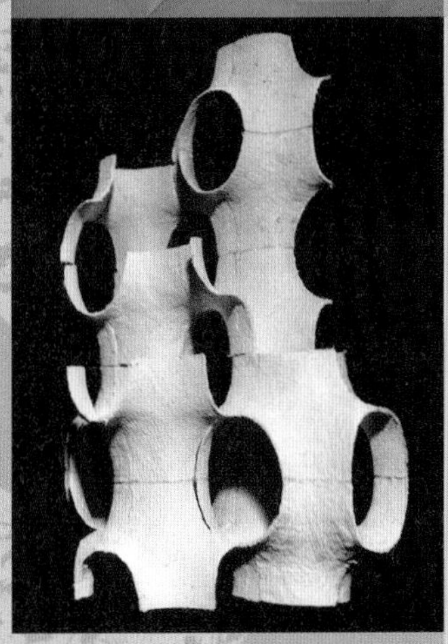

08-2

07-2

丸山点睛

02 的两个作品对石头做了细致的观察，将石头放大的表现手法很好地表现出空间感。03-3 用素描的手法体现出石头的体量。04-2 和 04-3 将空间抽象化，用油土塑造时表现出各自的空间特点。05-1 把油土塑造石头缝隙处那不可思议的形态都传神地表现出来，不经意地传递出空间和形的关系。06-1 在不可思议的空间中添加人物设定规模后让整个空间更具梦幻色彩。07 的每一件作品都用模型充分表现出结晶体的美感和冰冷质感。08 的作品都是表现结晶体内部的空间构造，平面图和立面图很好地组合在一起。添加的文字让空间更形象。

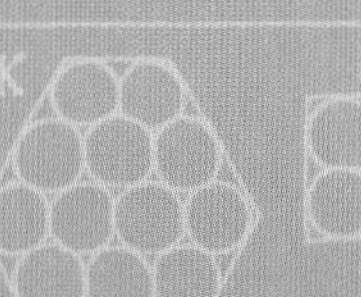

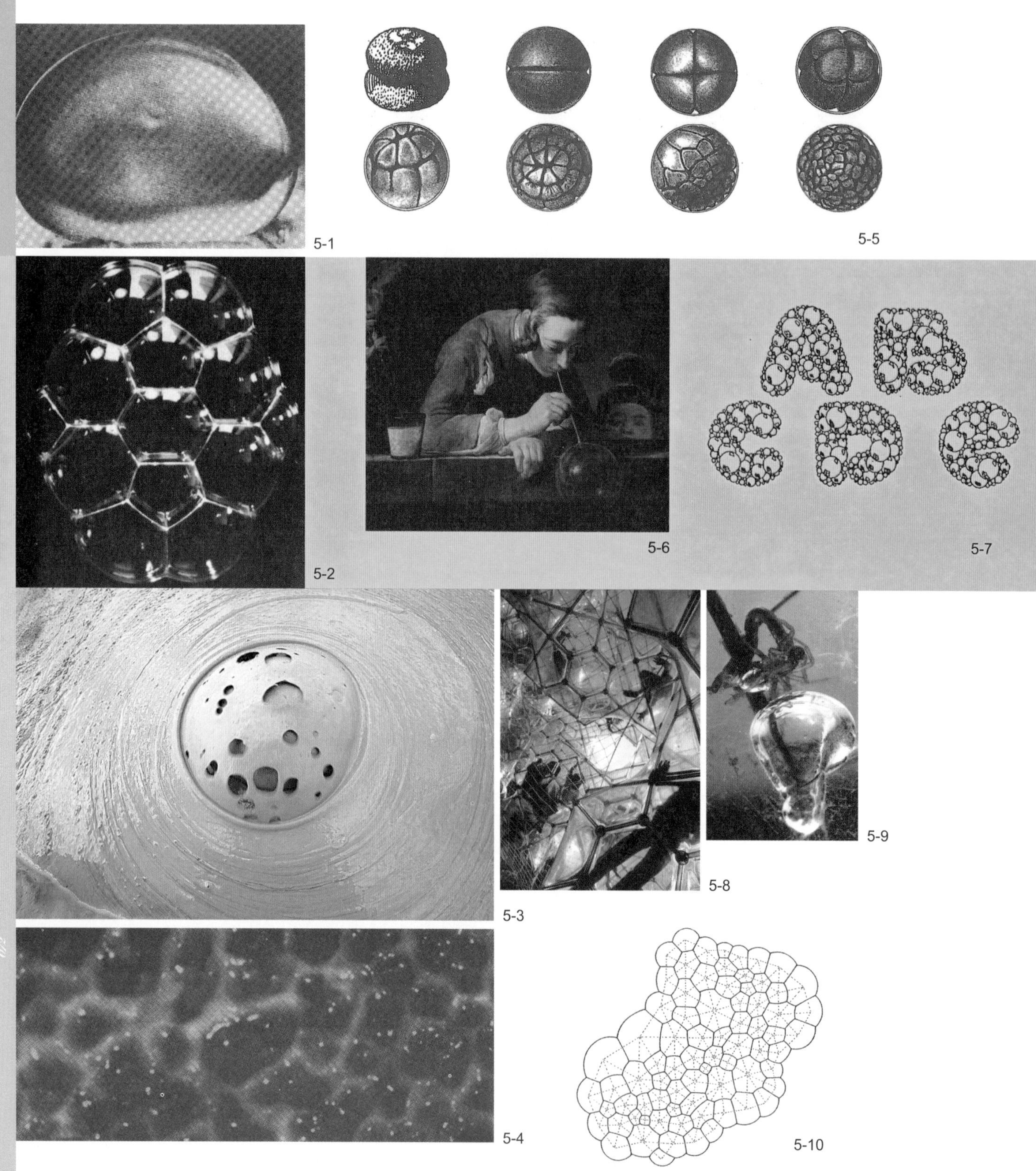

5-1 5-5

5-2 5-6 5-7

5-3 5-8 5-9

5-4 5-10

Lesson 5 画肥皂泡捕捉即将消失的空间

对我们来说，空气虽说是不可缺少的存在，但要把握空气的形状通常会误认为是不可能的。其实只要把抓不住的空气封闭起来，就会产生形状。环视身边的物品，轮胎不失为一个代表。轮胎内侧的管道里充满空气会变得硬邦邦，外面覆盖的一层轮胎是可拉伸材料，形成甜甜圈的形状。里面被关起来的空气等于压缩材料。

诸如此类，内部装着无法看见的空气的气球、袋子、空气枕头、气垫等等，无论哪一个如果抽掉里面内容就会变蔫，仅仅剩下一层外壳。给它们注入满满的空气，满到快要撑破为止的状态才是最美丽的。吹泡泡时观察快要破灭的气泡形状，会发现充满紧张氛围的、透明的造型。

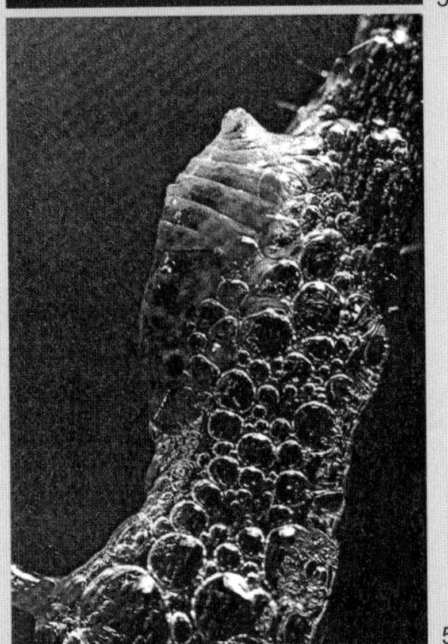

5-11

5-12

联想宝库（Image Archives）⑤

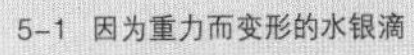

- 5-1 因为重力而变形的水银滴
- 5-2 龟甲形的肥皂泡
- 5-3 罗马尼亚贝尔卡泥火山泥浆气泡
- 5-4 牛奶沸腾时的气泡
- 5-5 细胞分裂生长的过程
- 5-6 《吹肥皂泡的少年》（巴蒂斯特·西蒙·夏尔丹，1730）
- 5-7 气泡组成的罗马字母
- 5-8 攀爬雕塑《肥皂泡沫城堡》彼得·皮尔斯
- 5-9 在水中注入气泡做巢的水蛛
- 5-10 看似不规则的肥皂泡从上面看是相互关联的三角形
- 5-11 阳光照射下发生变化的原生动物细胞
- 5-12 吐泡泡的吹泡虫幼虫
- 5-13 纽约世博会的航空馆（1965）

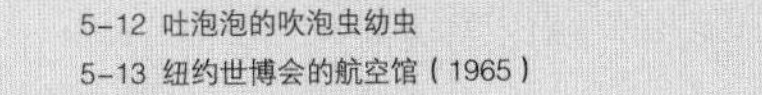

5-13

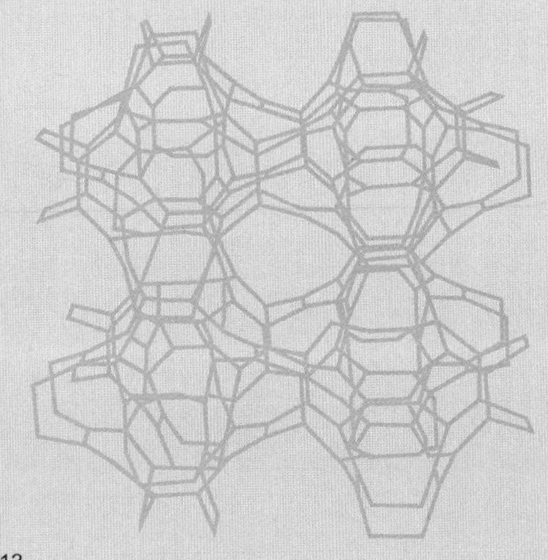

作业步骤

01

在我们周围寻找 10 个处于拉伸状态并且保持稳定的东西，考虑整体构图关系，将它们画在一张 A3 水彩纸上。

02

在透明杯子里注入一些肥皂水，用吸管吹泡泡。然后用保鲜膜盖住杯子，等着泡泡慢慢消失，描绘出杯子中泡泡的形态和透明感。

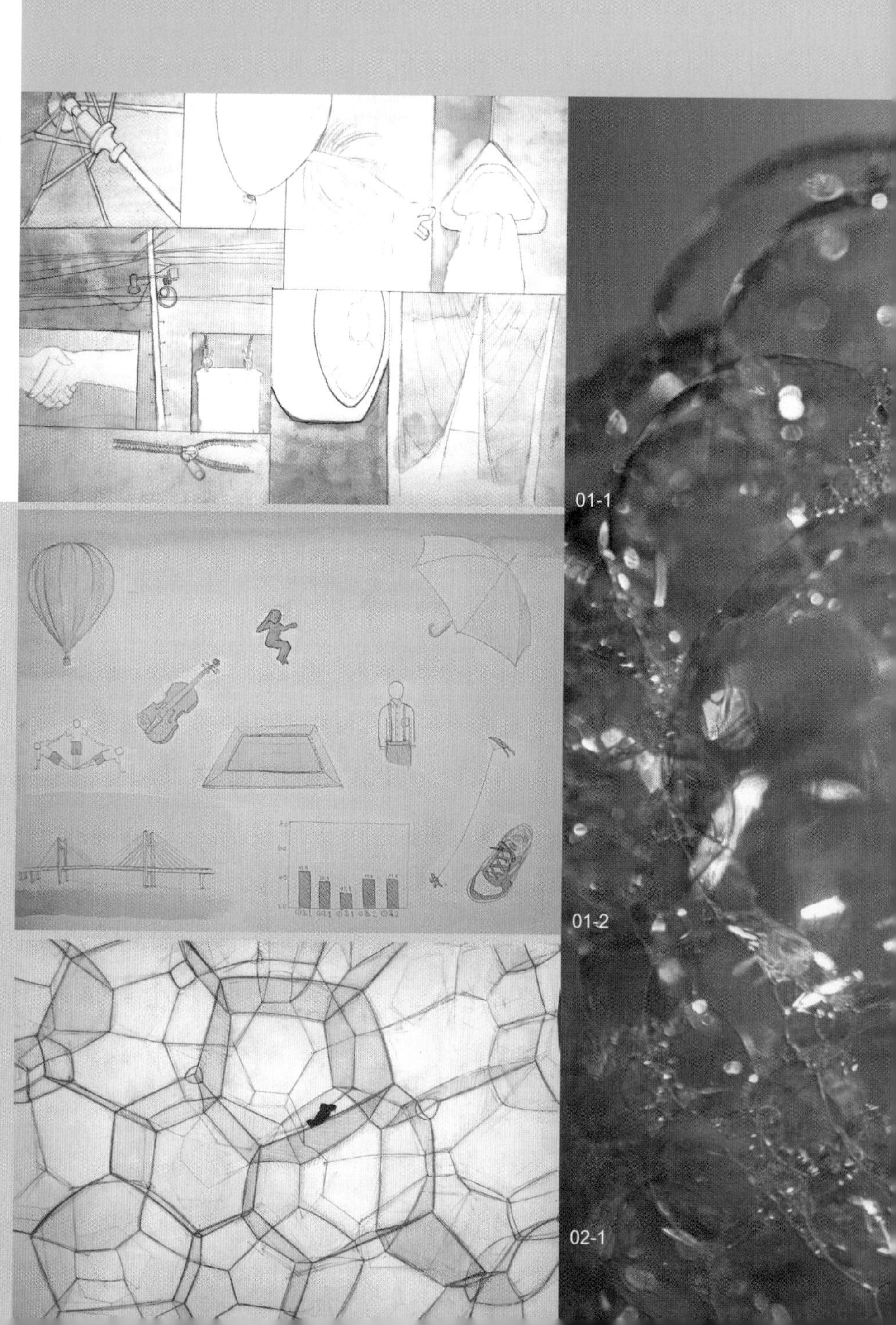

01-1

01-2

02-1

03

仔细观察封闭在杯子里的泡泡，将气泡的空间扩大画在 A3 水彩纸上，加入人物和地平线，画出裸露出来一部分的样子。

04

吹一个气球，用风筝线捆绑，勒出腰线。在表面覆盖石膏。石膏干燥后戳破气球，外壳所创造的内部空间立刻展现在眼前。

05

描绘这个壳状空间，添加平面图。

03-1

03-2

03-3

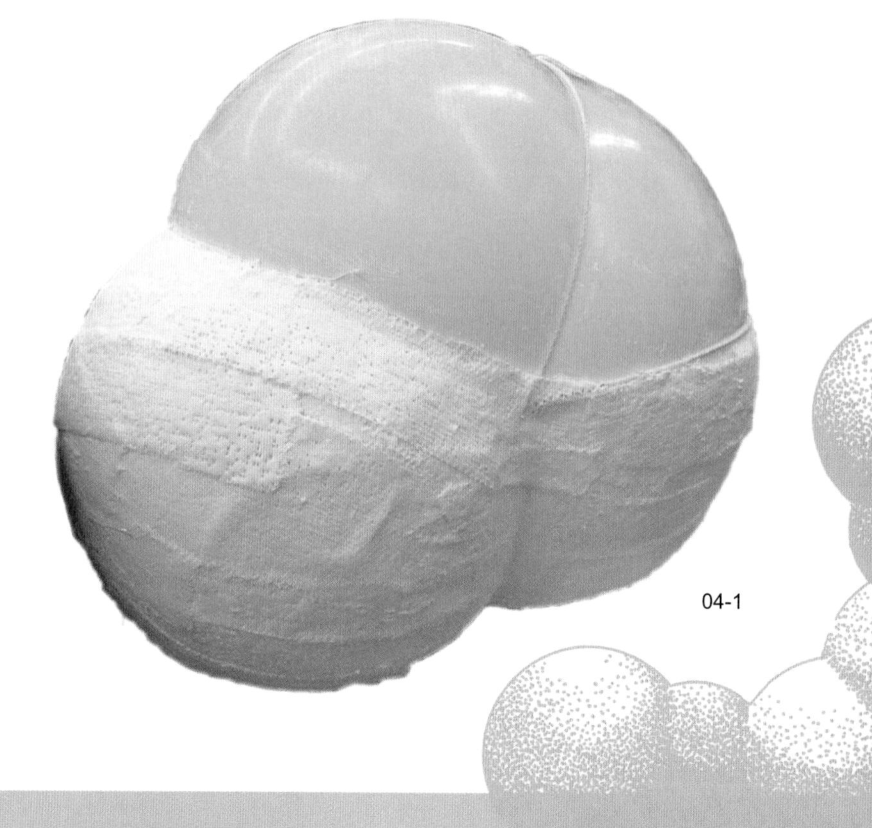

04-1

04-2

丸山点睛 

01–1 的构图让人感觉到坚实，选择的物品以及素描的色彩都令人产生好感。01–2 在放松的氛围中飘浮着带有张力的紧张感，这种表现方式很好。在 02–1 里，日常生活中我们毫不在意的形状和空间变身为拥有神秘氛围和透明感的空间，这一点很有意思，很好地表现出泡泡的瞬间消失、世界短暂无常的那种感觉。03 中每一幅画面都因为人物的添加使得气泡变得更加实在，轻盈的空间表现让人心情舒畅。从 04 可以清楚地明白利用气球做出的连续半圆形创造出了多么美妙的内部空间。05 是将石膏外壳组合的两幅作品，因为加入了人物、地平线和文字，空间变得更加轻快，像是要飞向宇宙。

05-1

05-2

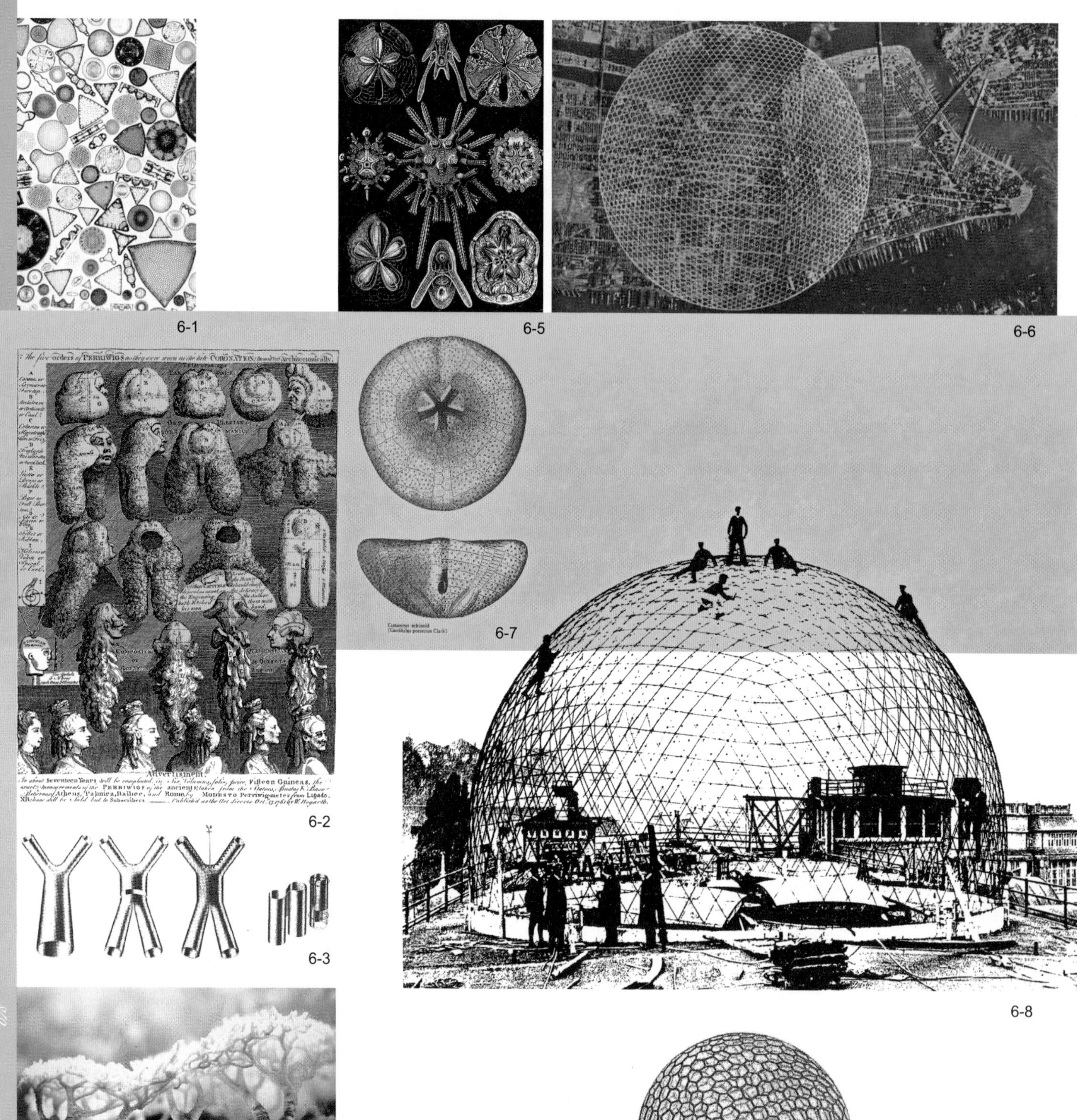

6-1

6-5

6-6

6-2

6-7

6-3

6-8

6-4

6-9

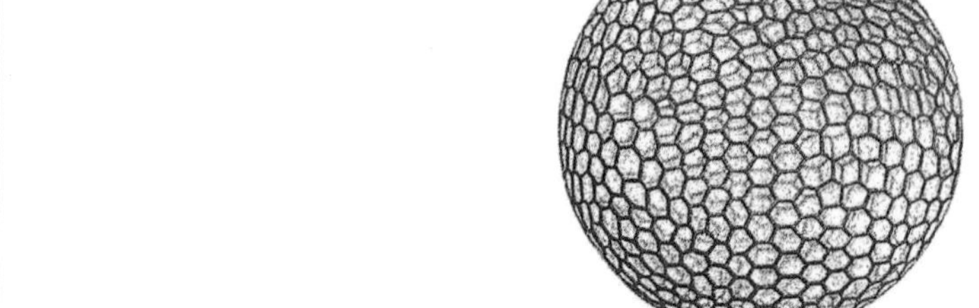

Lesson 6 膜状空间的表与里

和雨伞或帐篷一样，薄薄的布料经过抻拉能创造出美丽的曲面。肥皂泡很轻薄，没有丝毫多余，在它的极限状态产生膜状构造让人无比赞叹其形态的美丽。这种膜可以作为抻拉材料使用，将空间从表里或上下分开。

半圆形屋顶、游牧民的帐篷、汽车或自行车的轮胎、足球、气垫、吊床等，都是通过抻拉构成的稳定状态，加强了支撑空间的力量。

如果我们试着转换视点，会发现世界被这层膜分割为阴、阳两个空间。尽管任何形状都有表里之分，但是人的眼睛往往只看到表面。所以在观察膜空间内部时，注意训练自己意识到无法看到的、隐晦的却实际存在的那一面。在此我们明白了建筑和室内装饰设计也是表里关系，意识到它们是不能分开来学习的。

联想宝库（Image Archives）6

6-1 拥有各种形态的硅藻类
6-2 盖在头上的假发式样
6-3 剪裁筒状的布料而成的服装
6-4 变形菌的一种，鹅绒黏菌
6-5 恩斯特・海克尔绘制的海胆标本
6-6 笼罩曼哈顿的富勒穹顶
6-7 白垩纪海胆的化石
6-8 世界上最早的穹顶建筑（德国光学器械制造工厂，1922）
6-9 六角形构成的放散虫的壳
6-10 恩斯特・海克尔绘制的放散虫标本
6-11 白鬼笔（无裙竹荪）标本
6-12 蒲公英的冠毛

6-10

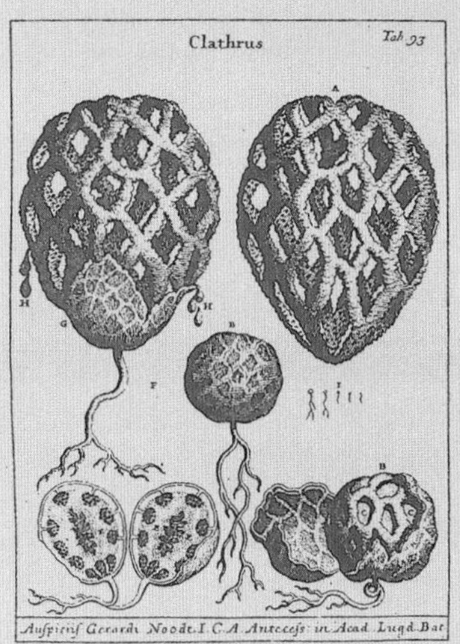

6-11

6-12

作业步骤

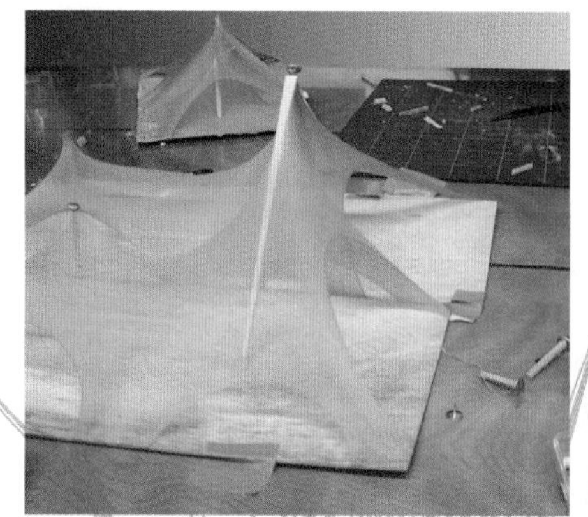

01-1

01

剪开尼龙长筒袜，将它固定在复合板上，方便筷子作为受压构件支撑，做出立体构造。通过改变内侧筷子的长度、角度，制造出凹下去的面，将空间分成内侧和外侧。

02

在表面覆盖石膏。

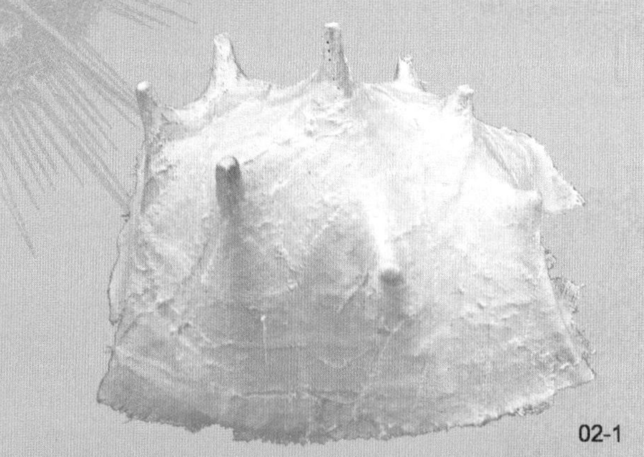

02-1

03

取掉筷子和长筒袜，描绘整个空间，加入人物、环境等。

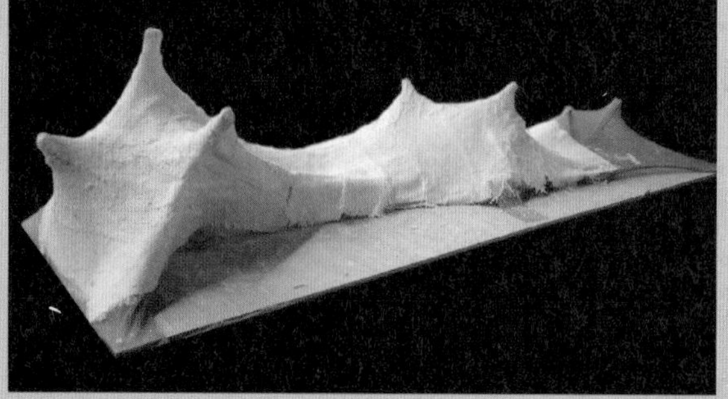

02-2

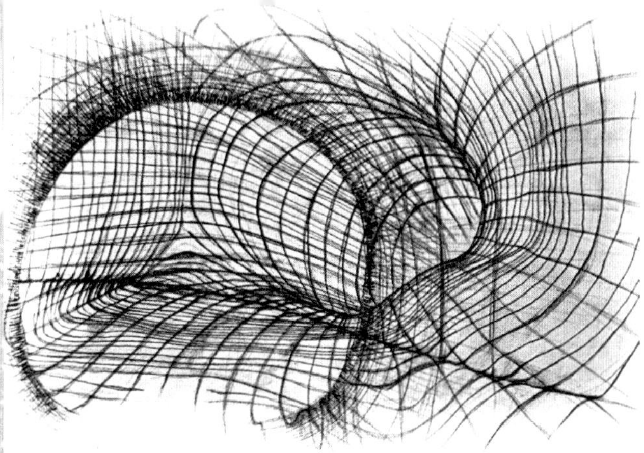

03-1

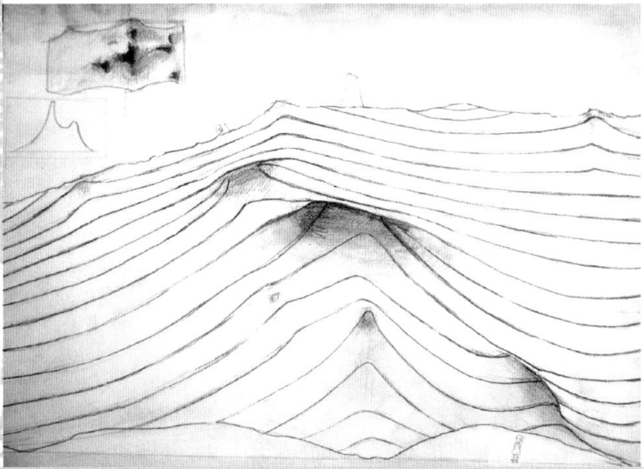

03-2

03-3

04

赋予 03 的空间机能，并画下来。

05

用纸制作这个空间，打开后能展现出立体空间。

04-1

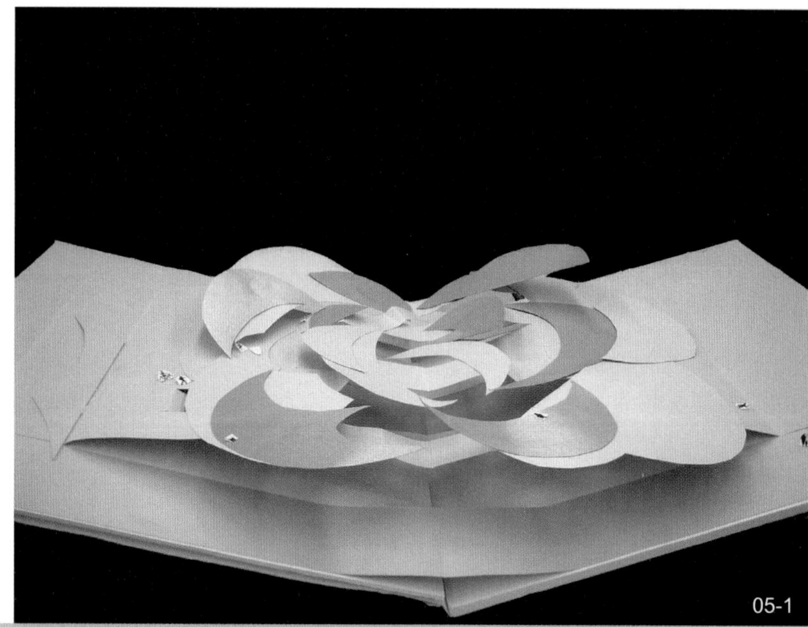

05-1

04-2

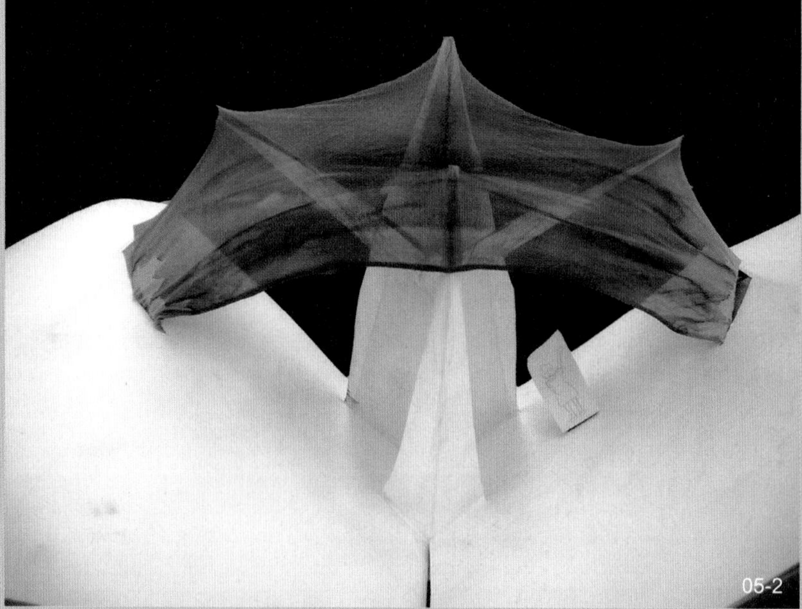

05-2

04-3

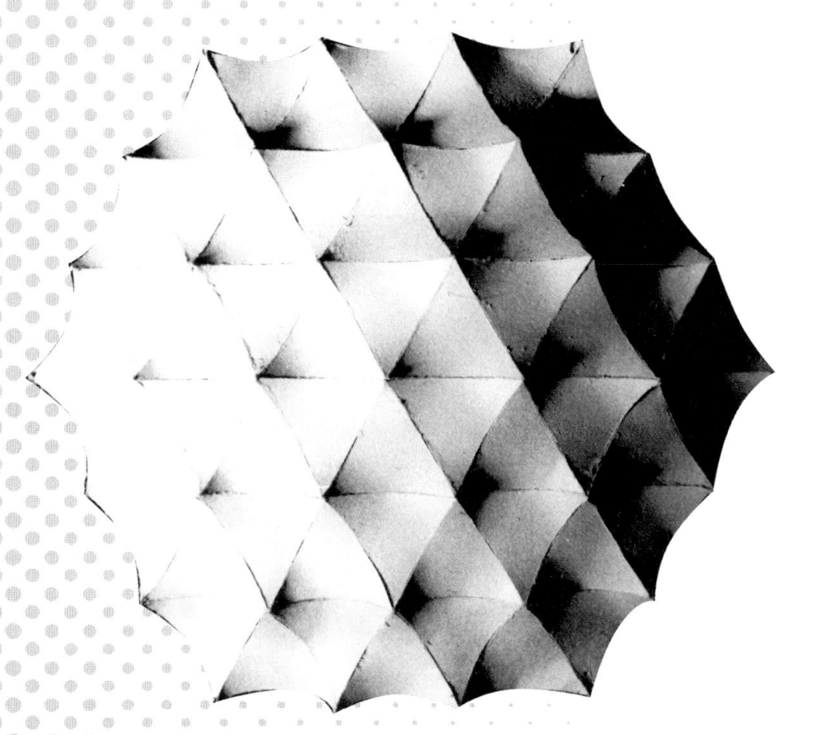

丸山点睛 

抻拉布可以创造出无限的空间。像 01 那样制作模型，梦想也随之展开。02 是用石膏将梦想固定，转变为更加坚固并且柔软的有机形。03 中在布面上事先画上直线或网格，随着抻拉而变化的布面以更加具体地、便于认知的方式表现出空间。04 的每一幅作品都是通过在抻拉布料创造的空间里添加人物和地平线，表现出盒子式的空间所无法拥有的流动感。05 中通过用布或纸张制作出“跳跃的绘本”，创造出始料未及的空间。这正是空间探索的妙趣。

7-1

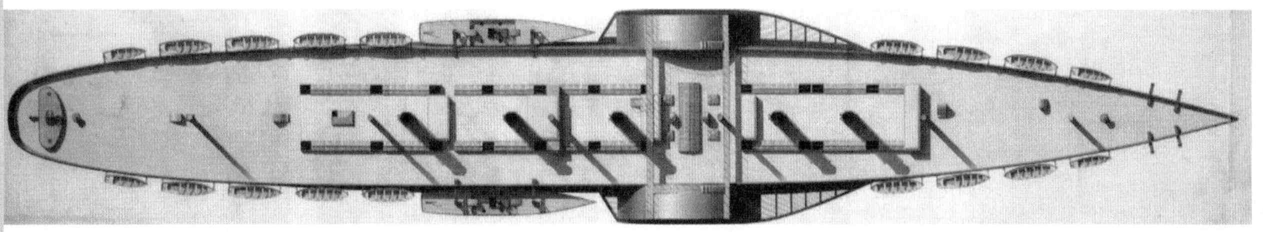

7-2

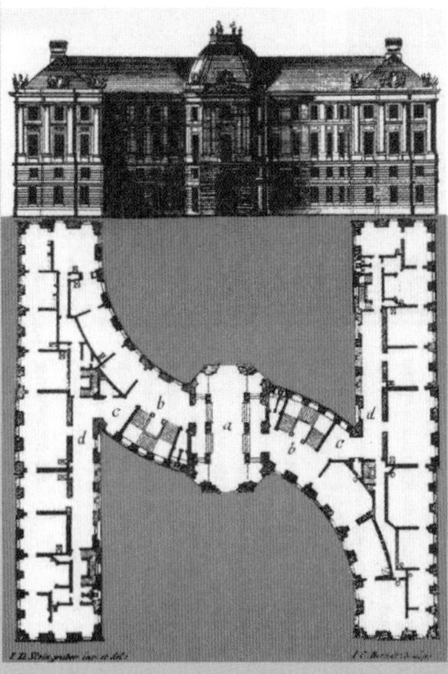

7-3

INTÉRIEUR DE LA NOUVELLE SALLE DE COMÉDIE FRANÇAISE DE L'ANCIEN PROJET.

7-4

Lesson 7 日本传统绘画与平行透视

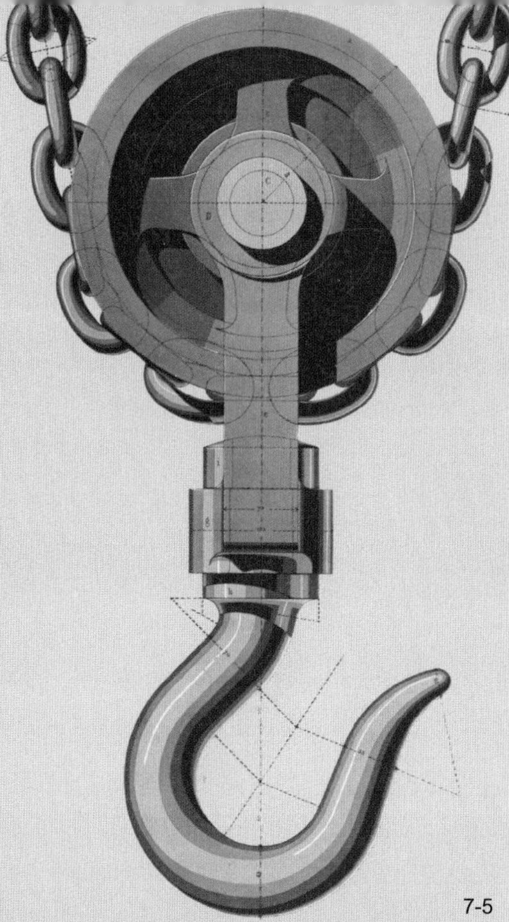

7-5

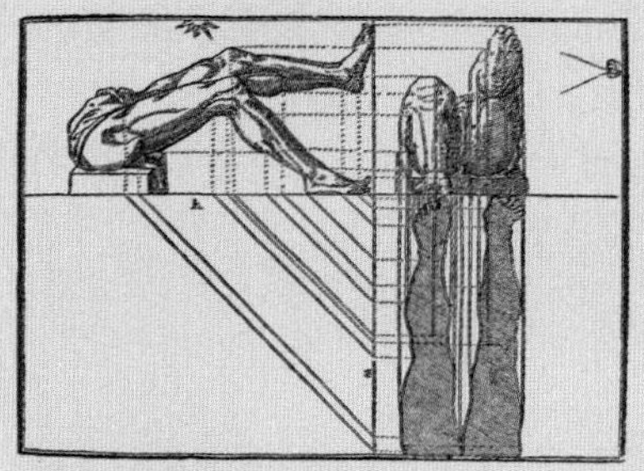

7-6

7-7

理解眼睛看到的事物和作为图像画在纸上是有很大区别的。人们现在习惯通过透视法或增加明暗的方法表现出深度和立体感。这些技法在自然科学发达的欧洲文艺复兴时期就已成熟，而在进入近代化之前的亚洲是没有的。

虽然日本绘画没有透视，却依然能够准确地描绘事物，表现心中所想。这种称为"大和绘画"的技法产生于平安时代末期。这种日本画特有的技法在《源氏物语》《伴大纳言绘词》《芯贵山缘起》等作品中都能看到。在大和绘画中，自然、建筑、人的行为融合在同一个画面里，发展出故事情节。远景和近景以相同的手法描绘，重叠时间的推移（将前后不同时间发生的事重叠在一起），取掉本该有的墙壁和屋顶以俯瞰的角度描写，不必要的地方用云朵覆盖，推移的时间以及不同的空间在同一个画面里表现出来，这种独特的表现手法是划时代性的。

大和绘画中有的故事在屋里和屋外之间的套廊里或屋檐下展开。让我们在大和绘画作品中寻找这种在日本高温多湿的风土中孕育出的称为中间领域的独特空间，并用平行透视的方法再现这个空间。

然后我们再进一步掌握大和绘画等东方绘画中所没有的，通过阴影的描写表现出立体感的西方技法。

联想宝库（Image Archives）7

7－1　源氏物语绘卷（东屋）（德川美术馆藏）
7－2　平行透视的蒸汽船的断面图、平面图（伦敦科学博物馆）
7－3　N形的平面图《建筑的字母》
7－4　法兰西喜剧院的断面
7－5　滑轮的吊钩和吊索
7－6　人体三个角度的透视图（1571）
7－7　新的铁砝码（1801）

作业步骤

01

给立方体添加方形屋顶，用平行透视即两点透视的方法描绘。然后用铅笔上出明暗调子，表现出景深。最后表现出透明感。

02

根据指定的平面图，决定立面图的方向后加光源画出阴影。然后用透明水彩营造立体感。

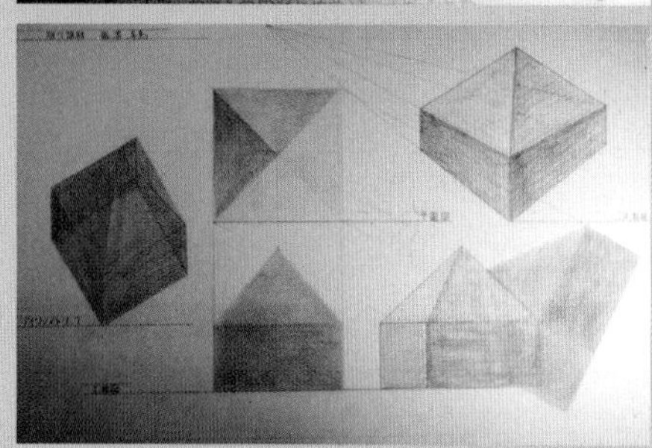

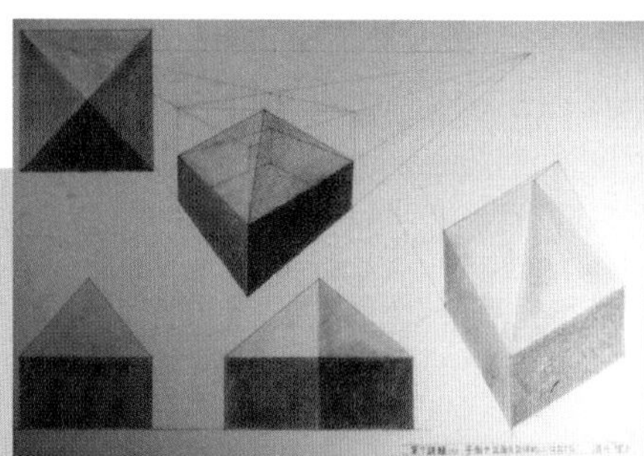

01-1

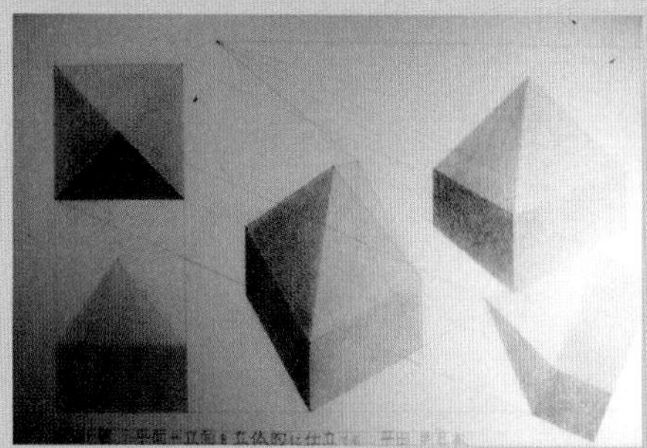

01-2

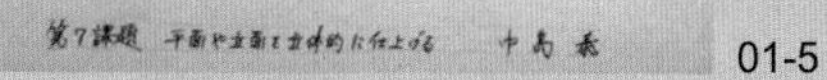

01-3

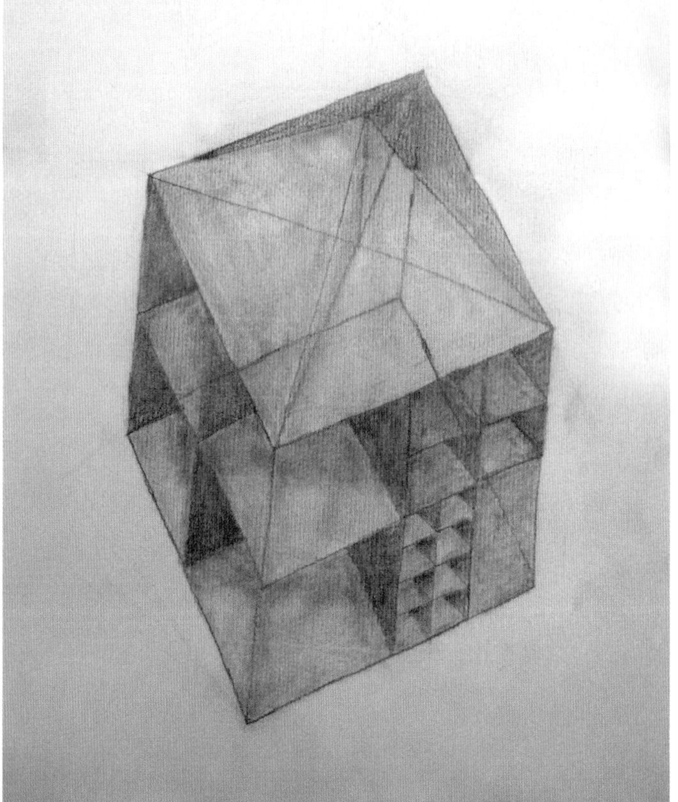

01-4

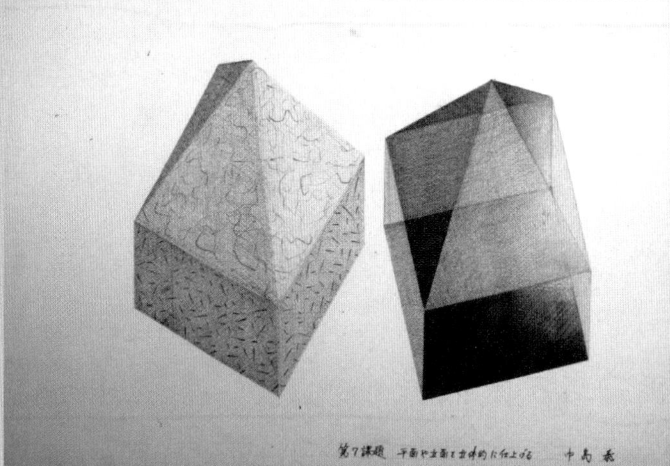

01-5

丸山点睛

为了让平面和立面立体化，先设定影子的方向然后加上阴影，对象物就自然而然地站了起来。用荧光灯打出的阴影会有些复杂，建议用灯泡或是自然光打光来添加阴影。像 01–5 那样每个面都上出明暗调子会增强立体感。02 是通过打光画出浓淡调子使平面和立体都更具空间感的实例。

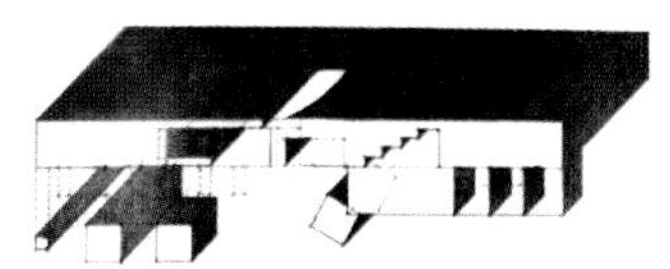

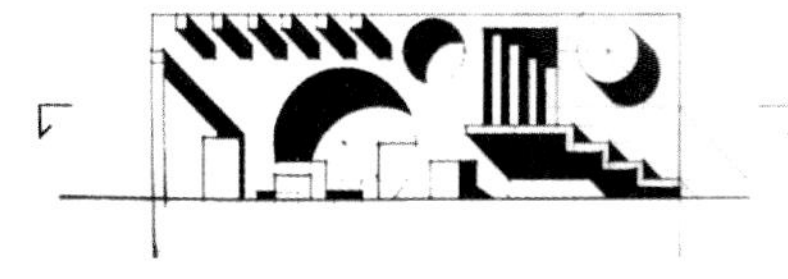

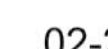

02-1

02-2

02-3

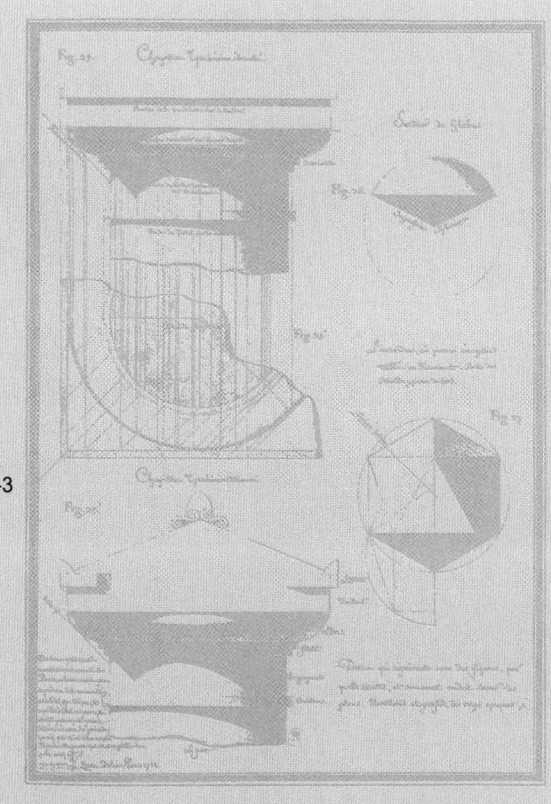

8-1

8-2

8-3

8-4

8-5

8-6

8-7

8-8

8-9

8-10

8-11

重复图案的立体化

Lesson 8

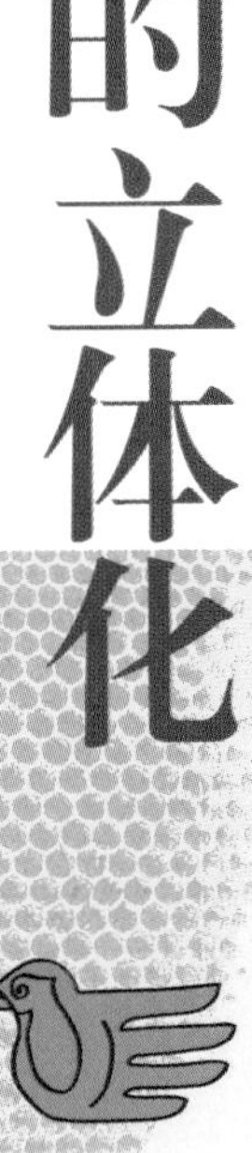

葡萄牙、荷兰的古老手绘瓷砖，伊斯兰的星型壁砖，藏传佛教的曼陀罗，印度的佩斯利旋转花纹，阿拉伯装饰图案，日本的水珠花纹、格子花纹、飞白花纹等，这些图案都是通过重复单个元素（图案）构成的。将一个单元图案按照一定的顺序复制或有规律地重复获得全新的图案，获得更强的立体感和质感。横向或纵向排列、镜像反转、顺时针旋转、逆时针旋转等等组合的方式各种各样，但都属于几何学的排列方法。

自然界的蜂巢、玉米、树林、草原、荷田、海滨沙滩等都由同一元素或类似元素的无限重复而形成，拥有柔和的质感。似乎手工艺在造型上也显示出这一特质。也许这里隐藏着一把钥匙，可以避免那种因 CG 中准确的反复、或者光溜溜明晃晃的准确所带来的冰冷。

通过重复一个图形的方式，设计一块柔和的瓷砖。量变可以引起空间的质变。

8-12

8-13

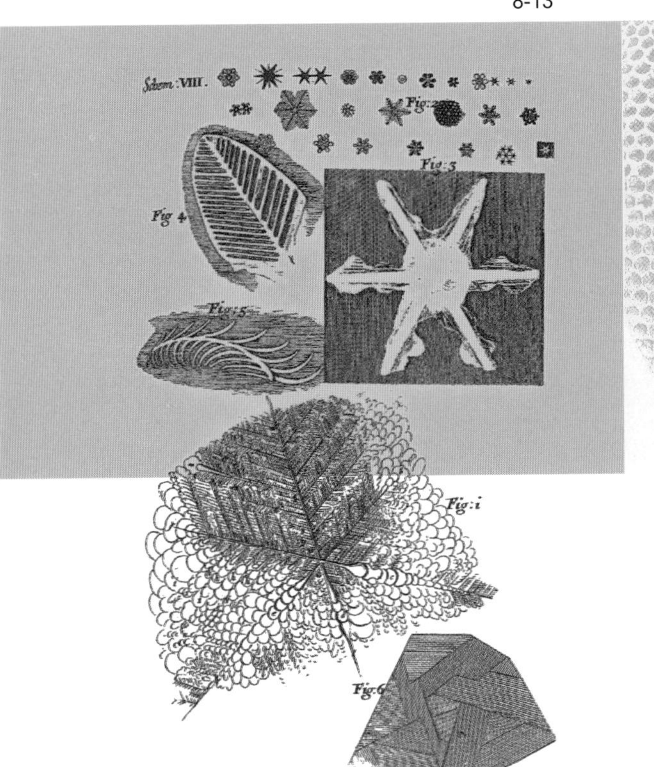

联想宝库（Image Archives）8

8-1 雪的结晶
8-2 东福寺，方丈庭院小市松（两种不同颜色相间的方格图案）
8-3 《北斋漫画》三编
8-4 重复的支气管（分形图）
8-5 《大英百科全书》中万花筒条目插图
8-6 鹦鹉螺的螺旋构造外壳
8-7 螺旋状重复的松塔零件
8-8 构成阿拉伯式装饰图案的基本几何图形
8-9 阿尔罕布拉宫八角形穹顶的阿拉伯图案
8-10 伊斯兰建筑的圆形天井平面图
8-11 重复几何图形构成的伊斯兰建筑的穹顶式天井
8-12 大理石地砖《百科全书》
8-13 哥特纹样
8-14 雪的结晶和冰的模式（罗伯特・胡克，1665）

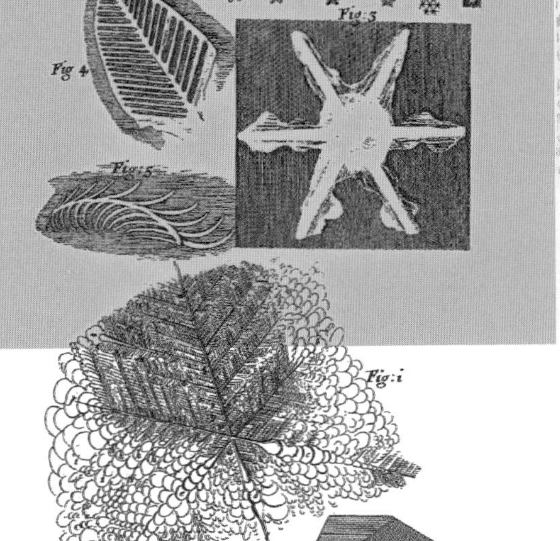

8-14

作业步骤

01

用透明水彩颜料通过不同浓淡的色彩表现出立体感。

01-1

01-2

01-3

01-4

丸山点睛

用重复的方式画出的平面，通过巧妙地添加阴影可以加强立体感，例如像 01-1 那样用水彩改变浓淡，明快的立体感就会跃纸而出。01-2 从没有涂色的空白处射入的光线突出了整体的凹凸感。

9-1

9-2

9-3

立体图画 Lesson 9

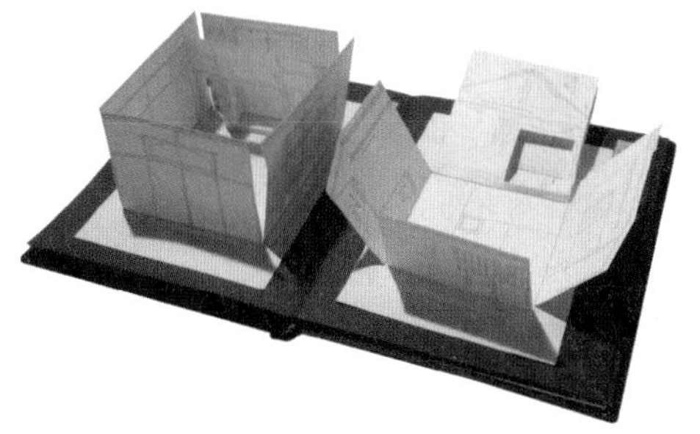

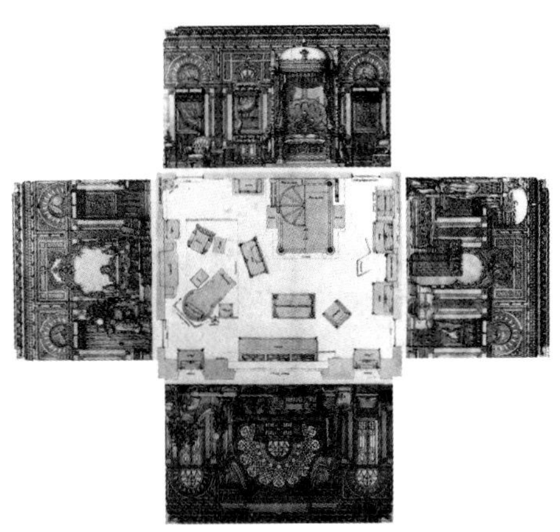

9-4

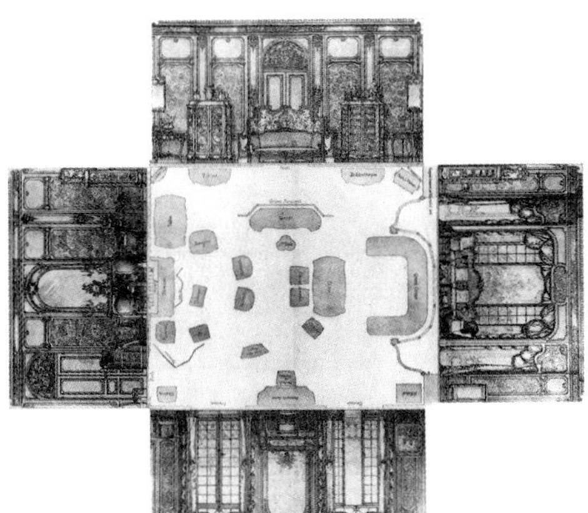

9-5

江户时代，随着城市经济的活跃，天皇和武士喜爱的品茶会在商人之间逐渐普及开来。品茶的空间也从被规则束缚的书院建筑转向追求更加自由的空间。于是，基于新审美意识的“数寄”茶室建筑登场了。（在日文中“数寄”取自“喜欢”的发音）

追求自由和个人喜好的茶室慢慢沉淀了一定的样式。不久出现了雇主从木匠提供的各类型茶室样本中选择样式的销售模式。这种样本就像是把平面图包起来一样，周围是四面墙壁的展开图。当把墙壁竖起来时，入口、壁龛、隔板、格子窗就变得立体起来。这就是折叠式的立体图画。在西方用透视法表现空间的方法早已普及的同时期，日本产生了完全不同的另一种空间认识。

用立体图画的将平面直立表现空间的手法，试着探索如何引入光线、展现风景、向外部扩展，以及彼此之间的联系。立体图画的优势是可以轻松地展示出立体空间。在描绘开口部分的打开方式时注意导入光线，思考光影的作用决定开口部分的位置和大小。请带着创造新外形、奇怪外形的“数寄”的思考进行创作。

联想宝库（Image Archives）9

9－1　立体图画《贞昌公御好 数寄屋》二十分之一

9－2　同上，内部

9－3　立体图画《高台寺时雨亭》（江户时代）

9－4　《茶席起绘图》东京工人庄版（昭和7年）

9－5　美观室内设计的展开图（1886）

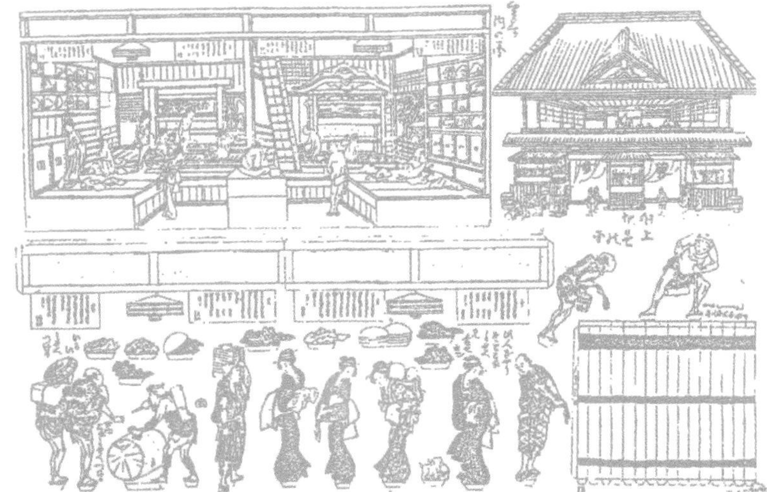

作业步骤

01

以边长 14cm 的正方形作为地面画平面图。然后分别在 3 个边画出边长 14cm 的正方形，折起来。正面的墙上画出用 5 根直线构成的格子。直线分割出的三角形、四边形、五边形里选择五六个地方作为开口处，一边对着太阳光，一边寻找最佳位置和大小。添加顶棚描绘整个空间，从开口处看到的外部确定一条地平线，将阳光引入内部空间，添加阴影。

02

制作一个新的立体图画，将课题 8 中的图案缩小贴在地面和墙壁上。

02-1

01-1

01-2 01-3 01-4

02-2 02-3

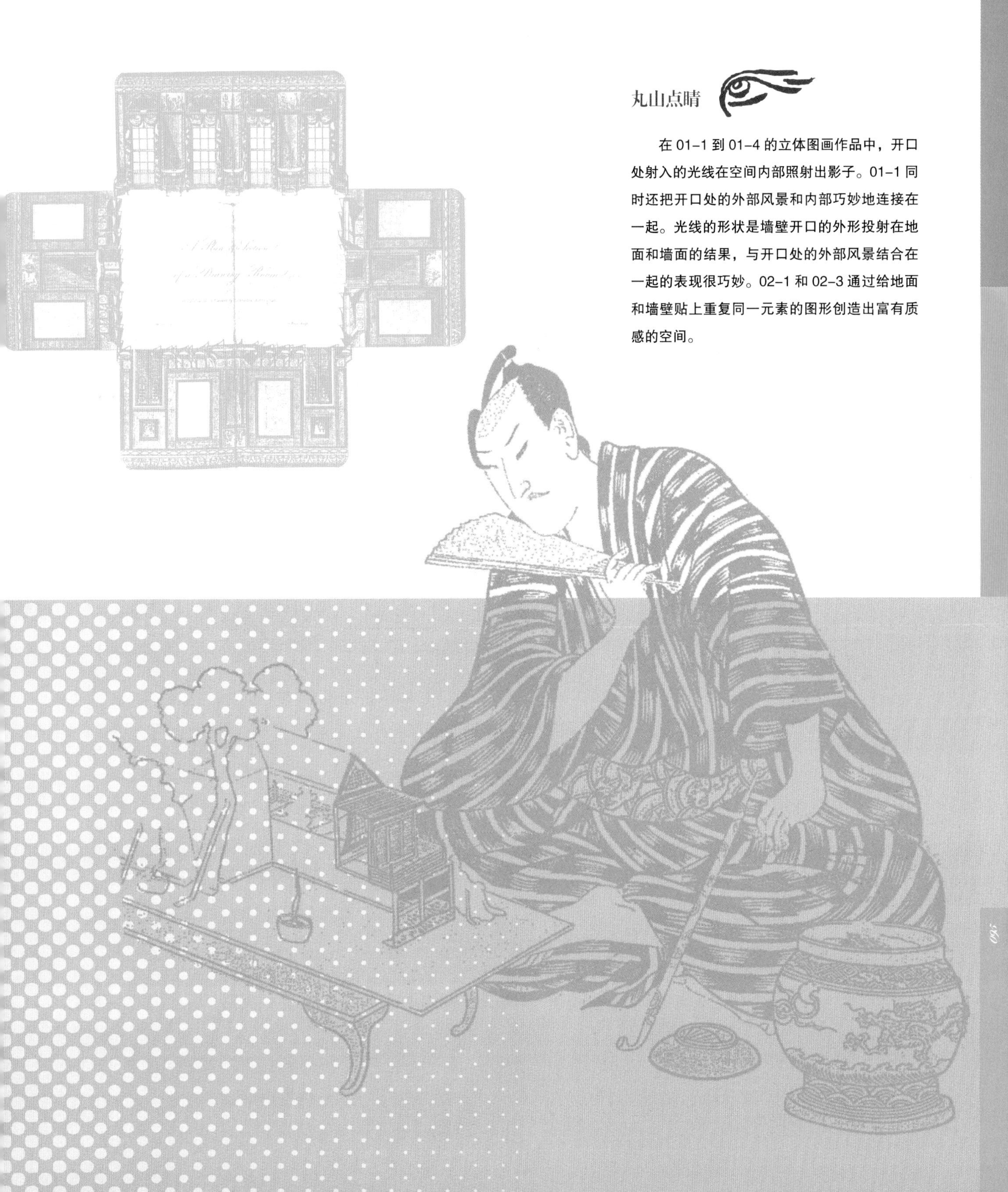

丸山点睛

在 01–1 到 01–4 的立体图画作品中，开口处射入的光线在空间内部照射出影子。01–1 同时还把开口处的外部风景和内部巧妙地连接在一起。光线的形状是墙壁开口的外形投射在地面和墙面的结果，与开口处的外部风景结合在一起的表现很巧妙。02–1 和 02–3 通过给地面和墙壁贴上重复同一元素的图形创造出富有质感的空间。

10-1

10-2

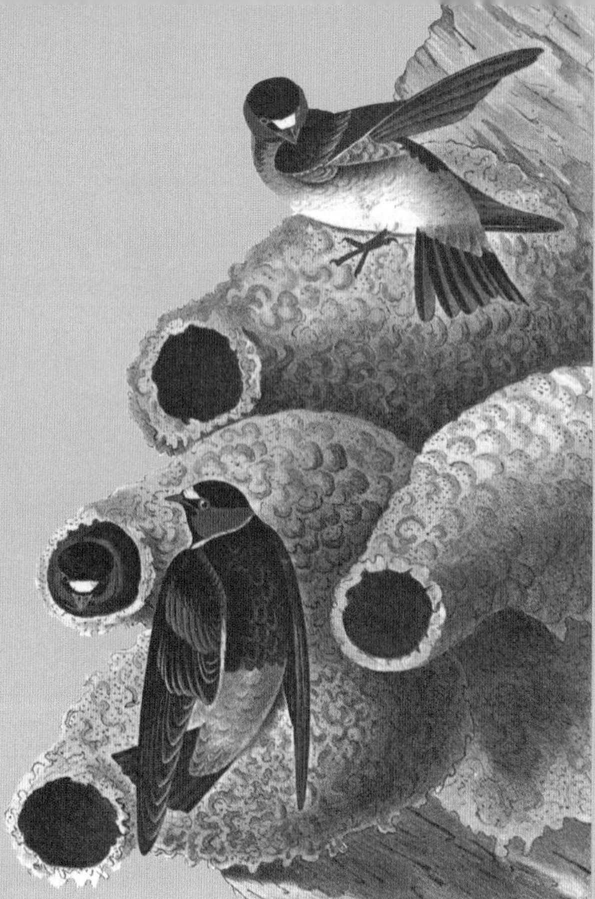

10-6

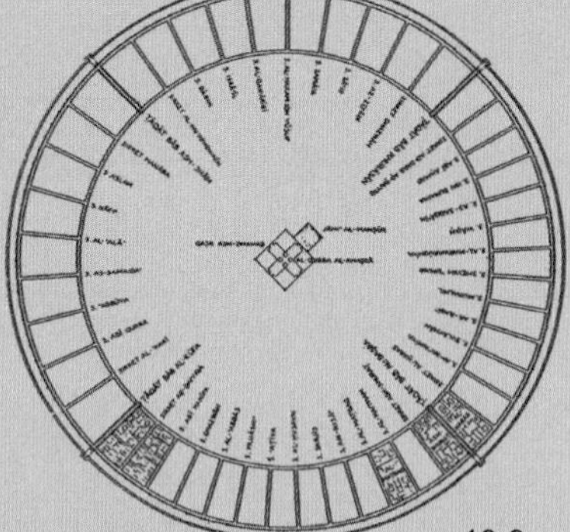

10-9

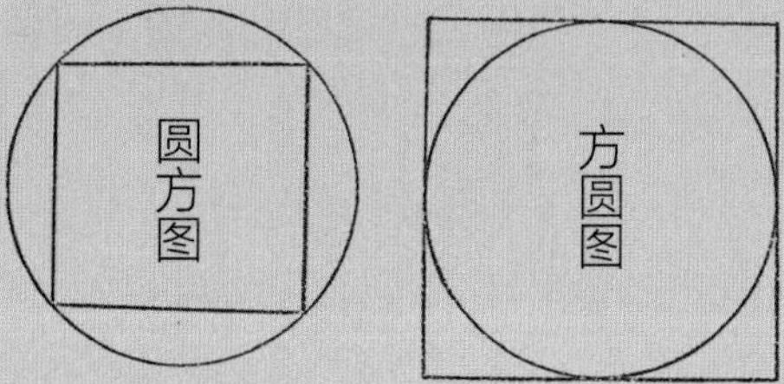

圆方图

方圆图

10-10

10-3

10-4

10-7

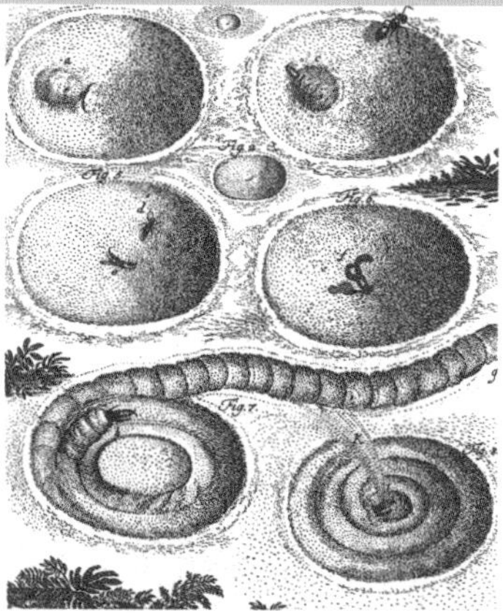

10-11

10-5

10-8

包围的空间 Lesson 10

10-12

10-13

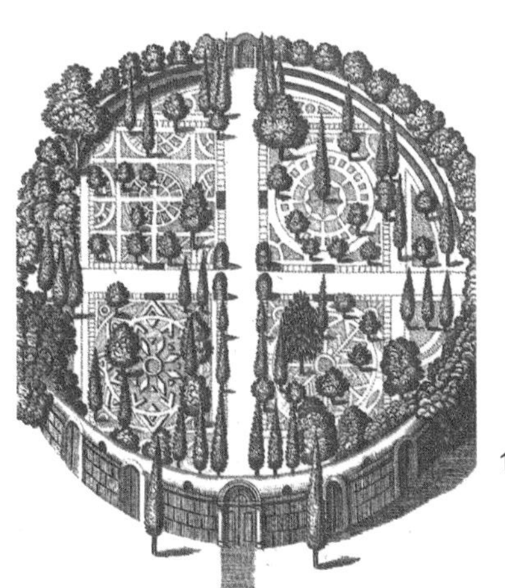

10-14

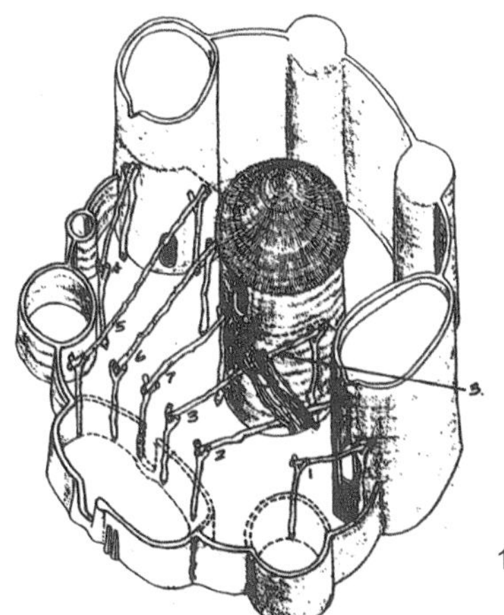

10-15

古时候人们围绕着篝火聚集在一起。后来西方开始使用暖炉，日本使用的是地炉。应运而生的被炉、火盆、矮脚食桌等道具、家具构成了日本的茶室。现代家庭则是在围绕饭桌的饭厅或是有电视的客厅里聚集在一起。营造部族或家族能够确认彼此关系，安全聚集在一起并世代繁衍下去的空间成为住宅的第一目标。

当我们进入一个空间时会出现情感的波动。而心情的好坏是由空间的质感所决定的。包围的空间有时会带给人压迫感，但也能设计为充满安心感的让大家放松聚会的场所。四周高墙包围的空间感觉就像一个封闭的箱子，如果换成由矮墙或天井垂下的隔断围绕，或在墙壁上开设腰窗、落地小窗引入阳光营造柔和气氛，都会变成轻松的让人想要停留的空间。

以包围为前提，请作出可提供最多 10 人左右家庭聚会的空间。

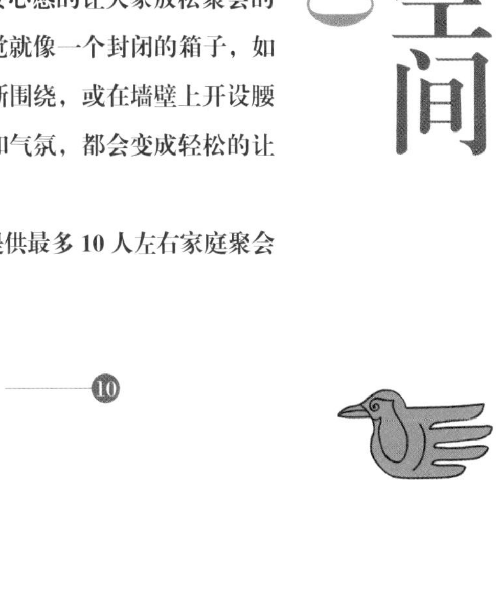

联想宝库（Image Archives）——⑩

10－1　被圆形栅栏困住的独角兽（1499）
10－2　暗喻子宫的洞穴，再生的场面
10－3　前通润会江户川公寓的中庭
10－4　蒙雷阿莱修道院中庭（西西里岛巴勒莫）
10－5　奥古斯都大帝的神庙
10－6　美洲燕的筒状巢
10－7　帕多瓦大学的解剖教室
10－8　寺院中庭进行的凯卡克舞（巴厘岛）
10－9　巴格达的圆形都市平面图（762）
10－10　圆形外接的正方形以及正方形外接的圆形，方圆为万物之本
10－11　蚁地狱图解
10－12　中国客家民居圆楼，建筑以中庭为中心环绕
10－13　站立在圆周上的丰收之神，为祈祷丰收而舞
10－14　意大利帕多瓦的圆形植物园（16 世纪），花坛也以圆形为图案
10－15　很多圆柱形房间环绕着露台（非洲某部落民居）

作业步骤

01

边长 14cm 的方形纸分成 5 片不同的形状。再在边长 14cm 正方形纸上，通过折或弯曲的方式设法让这 5 纸片不要倒下，作出一个被墙壁包围的空间。用糨糊固定。描绘这个空间模型，加入人物。

01-2

01-3

01-1

01-4

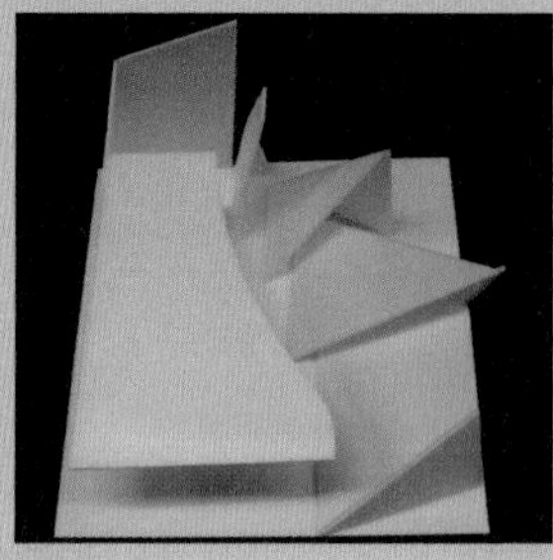

01-5

01-6

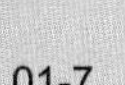

01-7

01-8

丸山点睛

01-2 和 01-4 每个墙壁的特征通过色彩和阴影很好地表现出来。加入人物和地平线表现出纵深感。01-2 在地面的平面图画上面又加入俯视图，空间结构更容易理解。01-7 按照顶视图中箭头的方向描绘出画面，更好地表达出包围结构。巧妙结合平面图、顶视图、立面图等不同手法，在表现包围的空间上起了很好的作用。

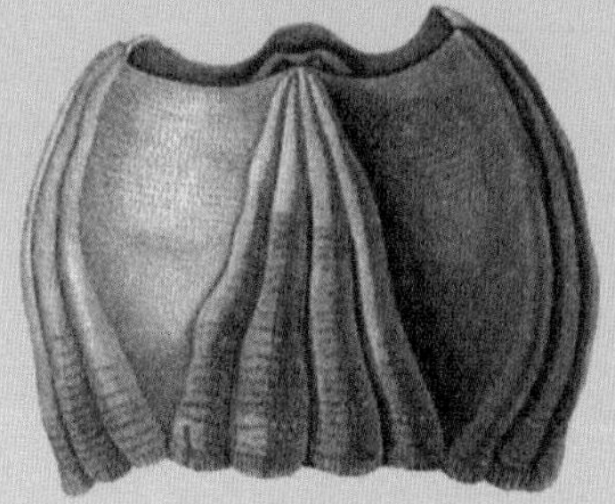

11-1

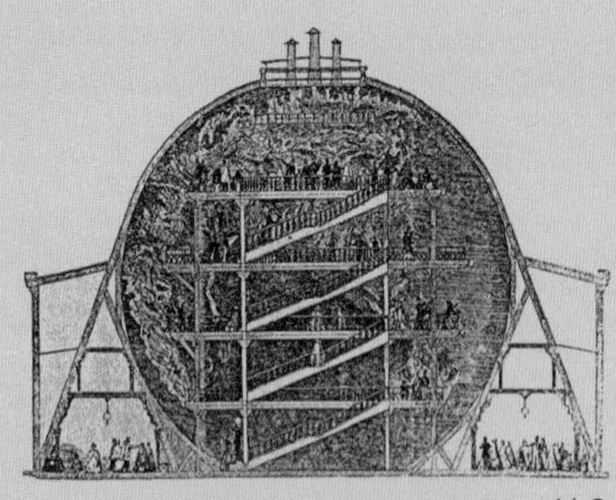

11-8

11-5

11-9

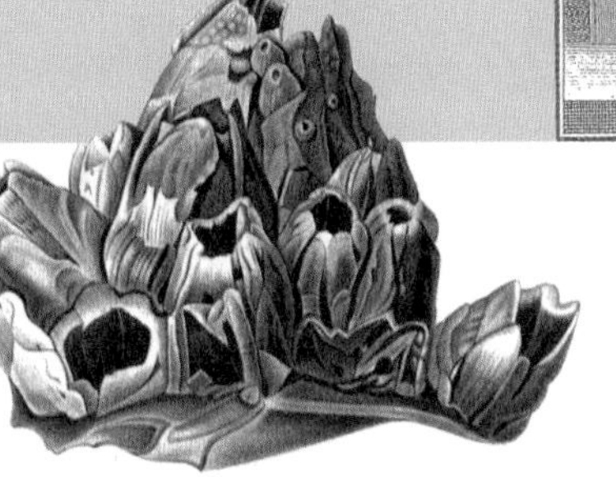

11-2

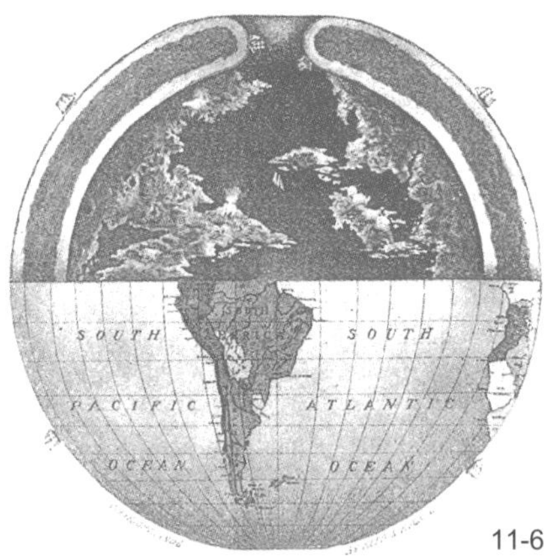

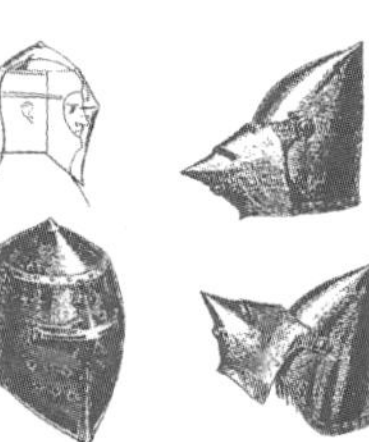

11-10

11-3

11-6

11-4

11-7

11-11

封闭的空间 Lesson 11

如果在日本传统建筑中寻找封闭的空间，大概只有"藏"和"纳屋"这种仓库类型的建筑了。然而在欧洲，为了抵御冬季的寒冷和夏季的高温多湿或干燥，人们习惯在用厚实的石头或泥土的墙壁围成的建筑内生活。到了沙漠这种干燥的地域，为了防止日间的酷暑以及敌人的侵入特别想出了用版筑或土坯的墙壁围成阴暗空间的办法。在温度、湿度高或是亚洲的季风地带，怎样凉爽地度过夏季成了关键问题，竭力在生活空间中巧妙地融入自然要素。

在日本，人们习惯在严寒的冬季里泡热水澡，多穿几层衣服。到了炎热的夏季加强室内通风，通过沐浴、洒水的方式消暑。由于技术发展带来的都市化，我们现在可以通过机器一年四季都保持在恒定的温度和湿度上。我们渐渐丧失了通过太阳的味道、微风拂面的感触、宣告季节变换的草花味道等五感感知空间的能力。日本人特有的细腻感性似乎就要这样消失了。也许打开封闭空间中的某一个地方就可以带入光和风唤醒我们的五感，随之创造出放松舒适的空间。下面让我们尝试通过有效配置墙壁来创造一个被柔和光线包围的空间。

11-12

11-13

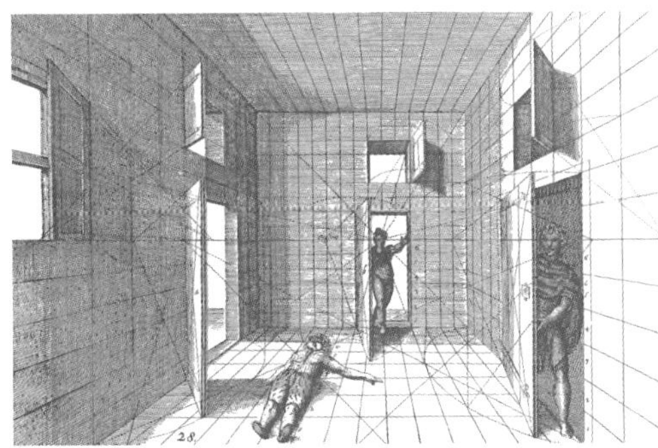

11-14

联想宝库（Image Archives）  

11－1　闭合形状的鬼藤壶
11－2　外形像火山的藤壶科动物
11－3　俄罗斯海军的潜水艇（1886）
11－4　进入球体坐在曲柄处向前行进的人（1884）
11－5　《出埃及记》（策伊策西，1723）
11－6　空洞地球，从北极通往地球内部的洞穴
11－7　进入独轮车里转动（1884）
11－8　让·维尔德的地球模型（1851）
11－9　越南中部古占婆国美山寺庙遗迹，光线从墙壁上方的缝隙中照射进入
11－10　罩住整个头部的头盔（左边为13世纪，中间为13世纪意大利，右边为14世纪法国）
11－11　藏传佛教僧侣们在蒙古包里举行仪式
11－12　《光和影的魔术》（阿塔纳斯·珂雪，1646）
11－13　暗箱
11－14　室内的透视画法

作业步骤

01

将边长为14cm的正方形纸分成5片不同形状的纸。在边长14cm的正方形纸上，通过折叠、弯曲、黏贴等的各种方式让5张纸不要倒下来。不是完全地封闭的，而是在某一处有开放的空间，并且需要有屋顶遮盖。做好空间模型后，加入人物和地平线描绘下来。

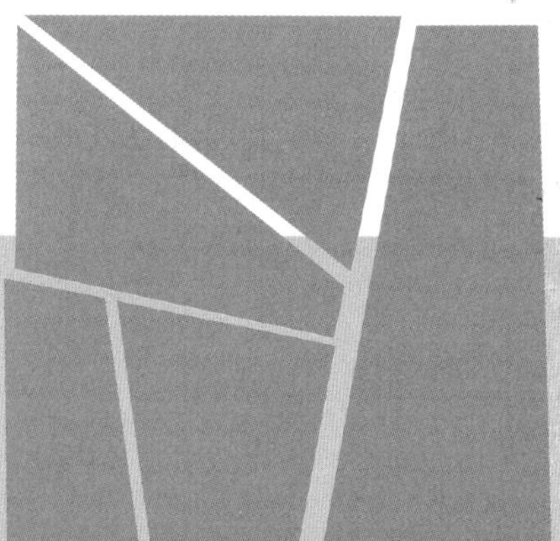

01-1

01-2

01-3

01-4

01-5

01-6

丸山点睛 

01-3 中地板上画出的封闭空间的模型以及蓝色的天空都更好地表现出空间四周封闭的特点。01-5 在画面中同时描绘儿童在空间内部和外部玩耍的风景，将墙壁做成曲线的或是斜面形式，这些表现方式都值得赞赏。01-7 中墙壁斜面细腻的表现让观者看到外部空间的同时还能强烈地感受到空间的封闭。01-9 中俯瞰的视点很好。

01-7

01-8

01-9

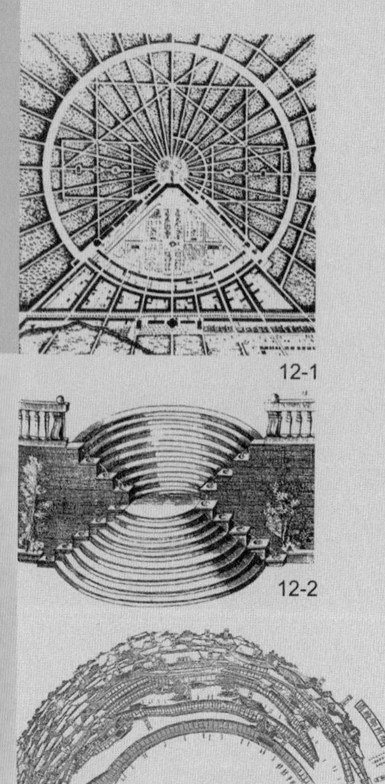

12-1

12-2

12-5

12-6

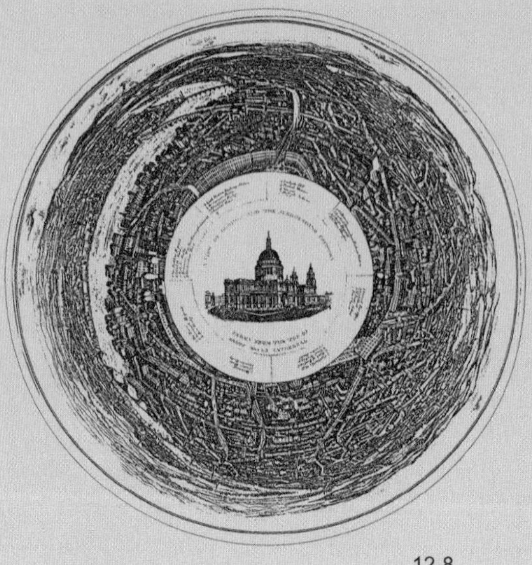

12-8

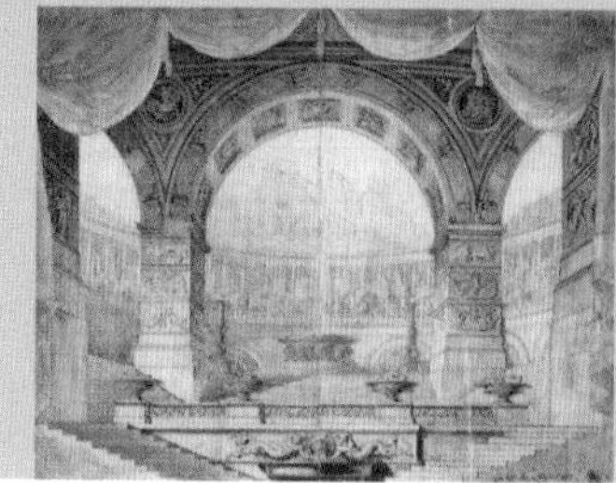

12-3

12-7

12-4

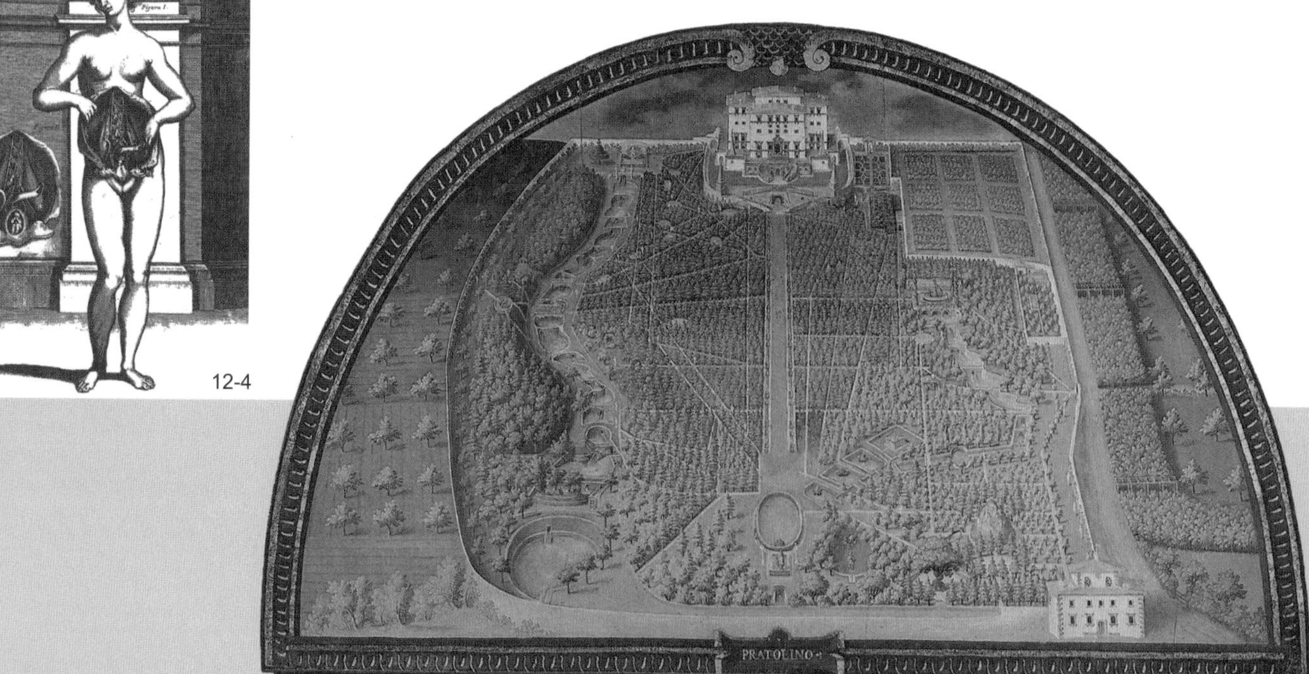

12-9

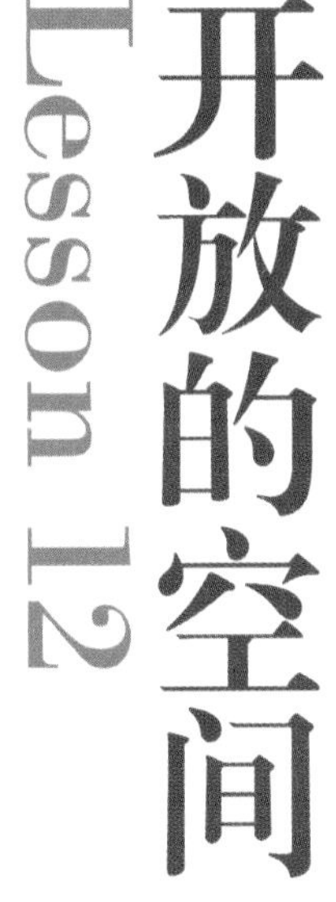

Lesson 12 开放的空间

近年来的具有透明感的建筑看似开放，实际上都是固定死的玻璃窗，室内外之间无法流通，不通风连带着空气都不动了。空气得不到循环的封闭空间无法为身体和心提供力量。

日本的生活空间曾经是内外互通的。就像《徒然草》中写的“葺屋重夏”，当时的住宅是在消暑除热上焦思苦虑，以开放通风凉爽的空间为宜。正如日本传统绘画中有的，屋内和屋外之间有宽宽的走廊，如“广缘”（宽走廊）、“濡缘”（推拉防雨木板门外侧的窄走廊）。另外增设的帘子也让屋顶的房檐大大地向前推出，防御夏季的直射光线。通过有效利用内外界限暧昧的灰色空间，不仅在视觉上，连带身体上也达到内外的连接，外围不断延伸的自然和屋内成为一个整体。

现在，我们试着通过模型来思考开放空间的含义。考虑使用什么手法能将风、光引入空间内部，唤醒我们的五感，营造舒适的空间。考虑墙壁的放置方式，创造一个光线柔和的空间。

联想宝库（Image Archives）⑫

12 – 1　卡尔斯鲁厄庭园（1715）
12 – 2　相反一侧延续的倒转楼梯
12 – 3　扇画，京都御所全景
12 – 4　剥开自己肚子展示解剖图的女性（1741）
12 – 5　可以一眼望到地平线的《品川・鲛洲朝之景》（安藤广重《东海道五十三次》）
12 – 6　桃太郎神社（爱知县犬山寺）
12 – 7　申克尔的《魔笛》的舞台装置
12 – 8　与鱼眼镜相似效果的伦敦全景画
12 – 9　普拉多里诺别墅全景（1598）
12 – 10　阿克曼站在脚手架上描绘的伦敦全景画（1829）
12 – 11　可以运送参观者的划时代展望台
12 – 12　索绪尔的《从冰河顶山看到的山岳 360 度眺望》（1779）

12-10

12-11

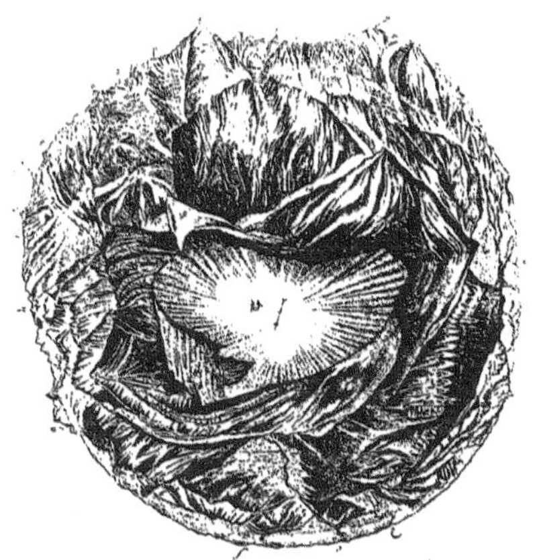

12-12

作业步骤

01

将边长 14cm 的正方形纸分成 5 份。用弯曲、折叠或者黏接的方式，让这 5 张纸站立在边长 14cm 的正方形纸上。构成向外开放的一个空间。设想将这个空间的模型或者平面图作为墙面的浮雕，或者将平面图作为海报装饰墙面，最后把整个场景连同从建筑内部看到的外景一起描绘出来，以便更加充分地理解这个空间。

01-3

01-1

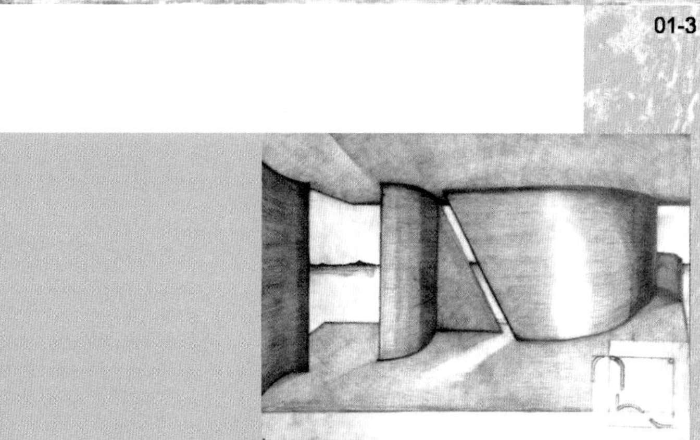

01-4

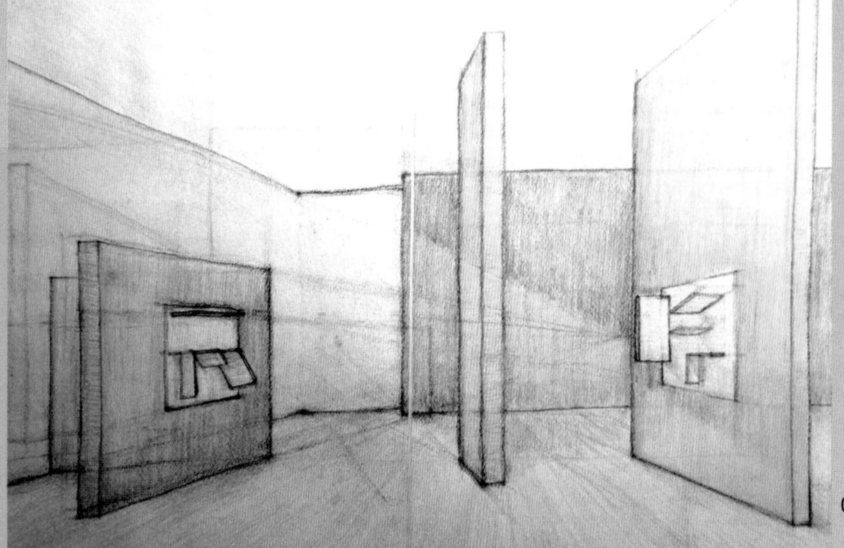

01-2

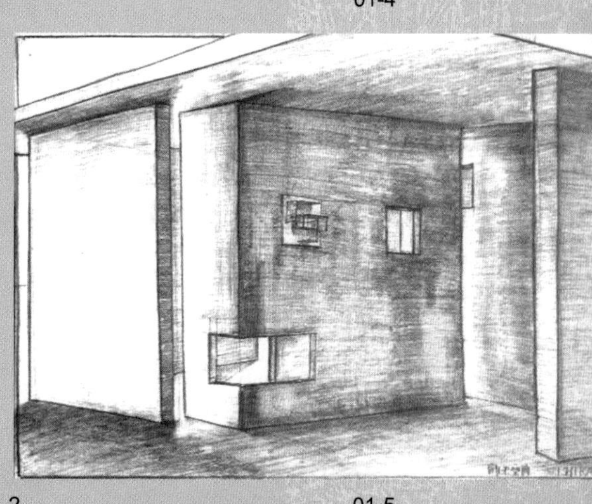

01-5

丸山点睛

01-2 在绘制时首先在左侧的钩形开口处画出不同的空间模型作品，又在画面中添加地平线，更好地表达出“开放”的概念。01-1、01-3、01-4 中加入地平线和外部风景表现，开放的空间清晰展现出来。01-5 在小开口处展现出墙面后方延展的空间结构，并且像 01-2 那样把空间模型用浮雕形式悬挂在墙面上，看上去就像一个开窗。

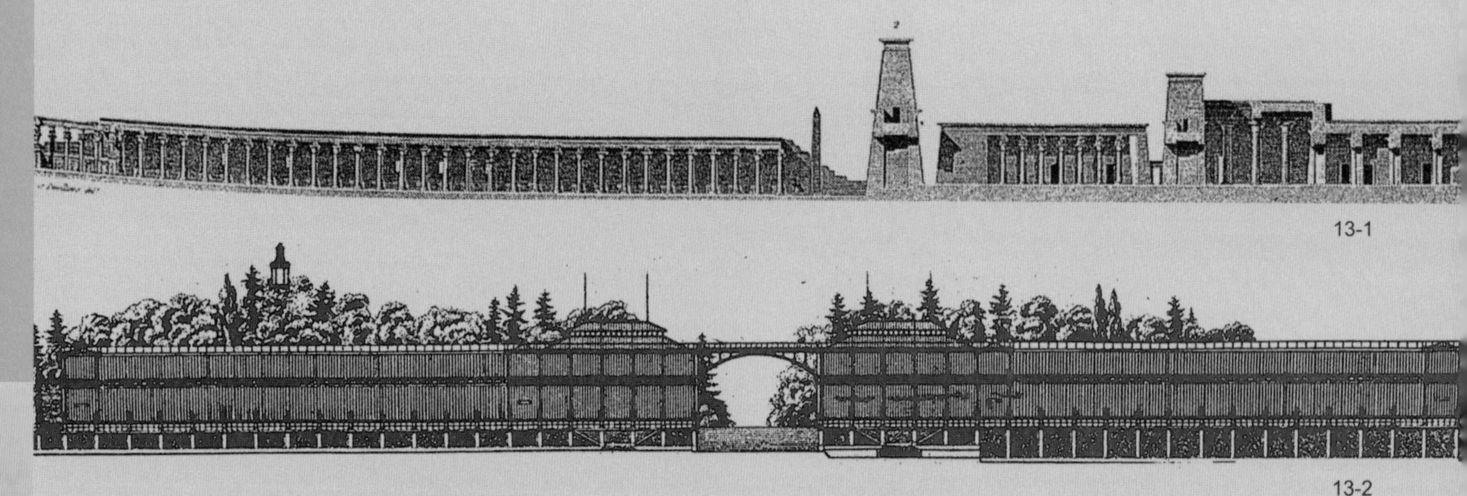

13-1

13-2

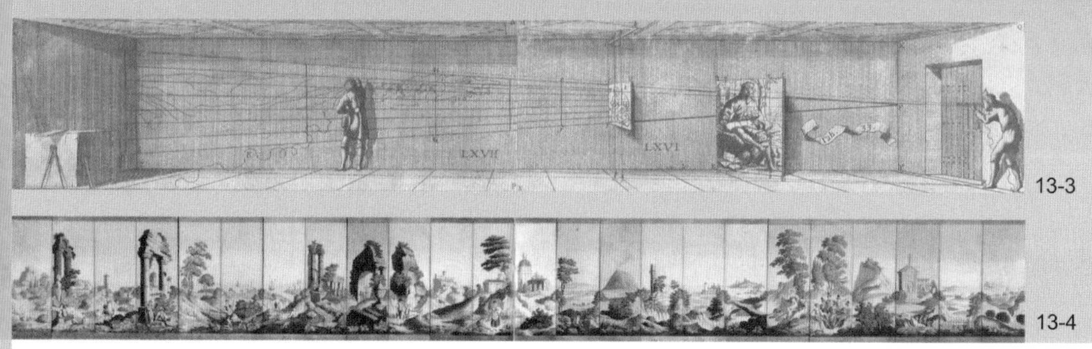

13-3

13-4

13-5

13-6

13-7

13-8

13-9

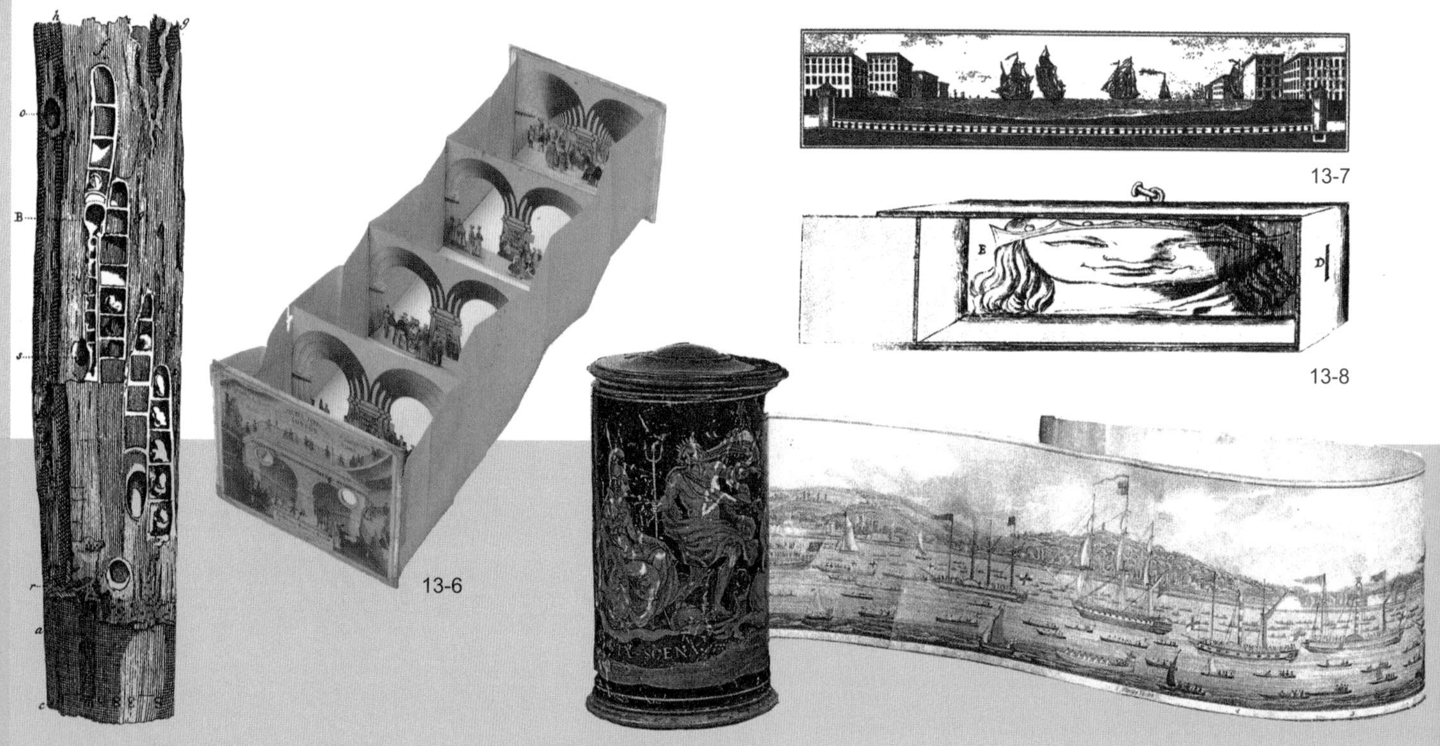

细长的空间

Lesson 13

13-10

日本明治时代后期，城市的中产阶级住宅中出现了木板结构的细长走廊，为了方便从玄关绕过会客间进入其他房间。后来慢慢演化成在北侧厨房、浴室与南侧会客间、茶室之间起到连接和分割作用的称为“中廊下式”的空间分割样式。

二战后为了缩小住宅的占地面积，日本独特的 DK、LDK、LD 等省略走廊的房间布局成为主流，拥有通道或走廊这种细长空间的住宅渐渐消失了。同样在商务办公建筑上，因为均一的开放化受到广泛欢迎，也有去除走廊这种无用空间的势头。但是，现在我们有必要重新认识一下走廊的优势。

走廊所特有的细长空间作为移动的场所，在分割房间功能上来看是空间构成中很有魅力的素材之一。连续的柱子或是缺口将随着时间而变化的光线引入室内，产生震撼人心的空间。

13-11

联想宝库（Image Archives）13

13 － 1　通往埃及神殿的细长回廊及神殿的断面图《埃及志》
13 － 2　巴黎自然博物馆的植物学校演习场
13 － 3　《奇妙的透视法》
13 － 4　拼景画（连环画）
13 － 5　树木里细长的昆虫集体公寓
13 － 6　泰晤士河隧道的西洋镜（1843）
13 － 7　泰晤士河隧道的断面图
13 － 8　贝蒂尼绘制的变形图（博洛尼亚，1642）
13 － 9　希伯尔创作的卷轴式全景画（1823）
13 － 10　金字塔内部的回廊
13 － 11　矿山的采掘断面图《百科全书》
13 － 12　最早的伦敦到贝里克的道路地图

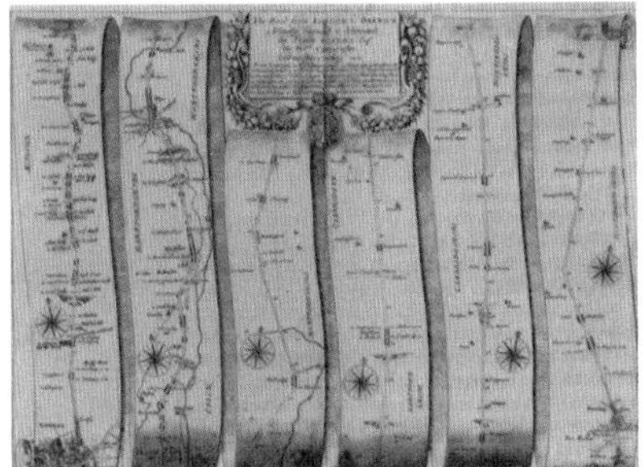

13-12

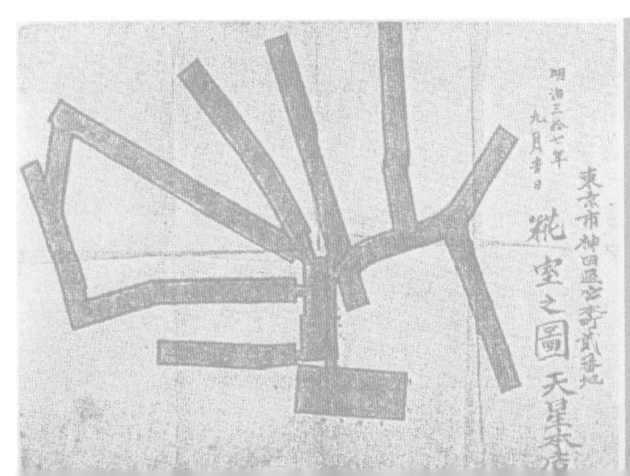

作业步骤

01

在宽 6cm、高 12cm、长 30cm 的细长空间内，做出让光线从一侧射入的纸质模型。画出这样一个细长空间模型，设定为人们移动的空间，让空间里的光和风可以自由通过。

01-1

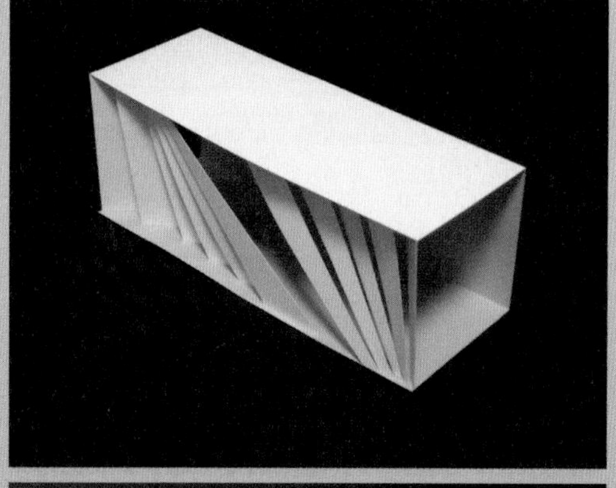

01-2

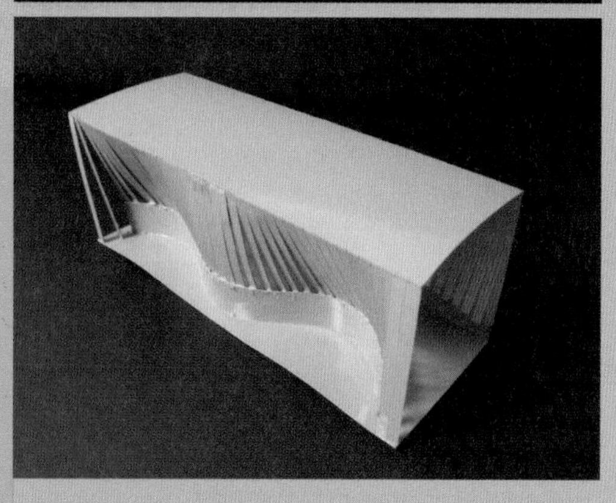

01-3

01-4

01-5

01-6

01-7

丸山点睛

01–3 中同时表现了外部空间和细长内部空间，而 01–5 则刻画了进入内部所看到的外景，连同人物的内心都表达了出来。01–7 用没有特定形状的屏风式的墙壁做出了奇妙的细长空间，连穿过黑暗后感受到的安心感都被表现了出来。01–9 同时表现了有孩子的、以连续的内壁构成的细长空间，和背面有大人的、逐渐扩展开的细长空间。这样的挑战很可贵，应该给予高度评价。

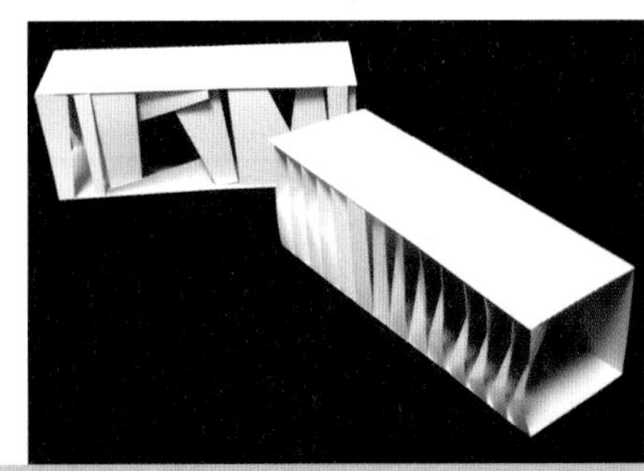

01-8

01-9

整合空间

Lesson 14

前面的课题，我们使用有限的素材探索出了各种各样的空间。但是，现实中的空间会因各种因素影响而不断变化。地面、墙壁、天井、柱子、梁、窗户、家具等空间要素有着各自的形状、大小、质感和色彩。一天的时间、季节、温度、湿度、光线、风等自然因素也会带来改变。请试着将这些空间要素、自然因素的影响组合在一起，做出一个有特别意图设定的空间。

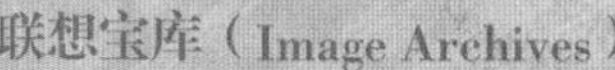

14

14 – 1　在画室的约翰・索恩爵士
14 – 2　布拉格城堡中收藏绘画的房间
14 – 3　维多利亚时代初期的玩具收藏
14 – 4、5、6　英国建筑师约翰・索恩爵士自己家中的美术馆
14 – 7　世界的大河和高峰
14 – 8　格里芬书写的各种字体
14 – 9　各种书写用的工具（勒柯）
14 – 10 克里斯皮的奇异博物馆

14-1

14-2

14-3

14-4

14-5

14-6

C D E F G H I J K L M N O P Q R S T U V W X Y Z

14-8

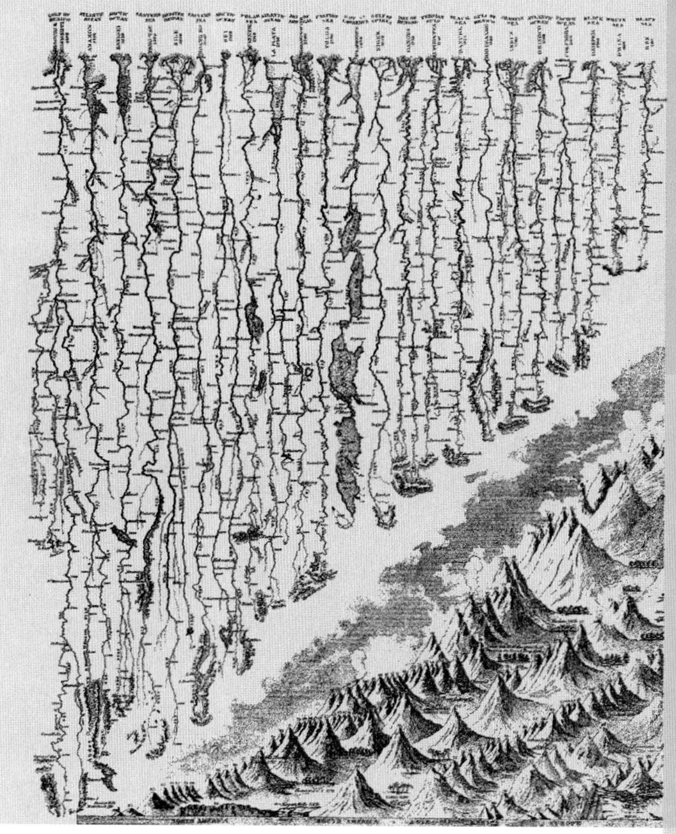

14-7

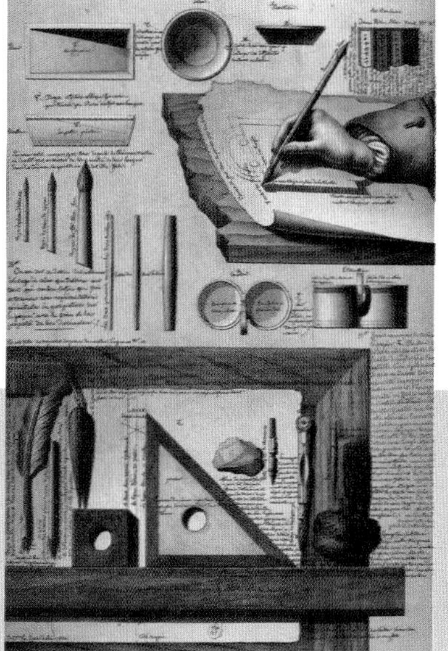

14-9

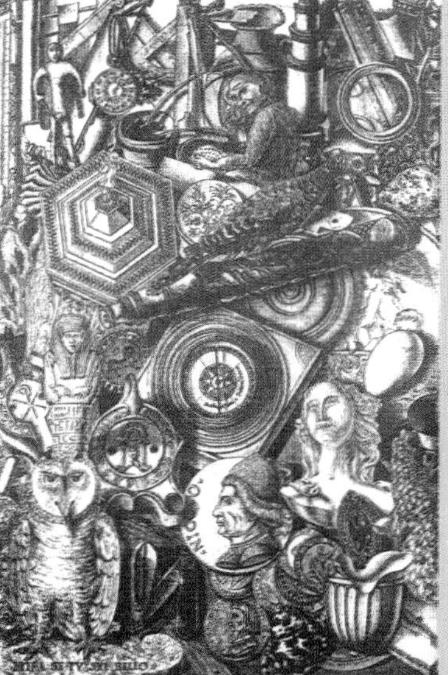

14-10

作业步骤

01

将课题10～13中制作的“包围的空间”“封闭的空间”“开放的空间”“细长的空间”组合成一体。在这里我们改变视点，看看怎么把这些内部空间转换为外部景观，怎样贯穿内外空间，进一步思考如何美化空间与空间之间产生的外部空间，带着这些问题探索整体的构成。用便于理解整体结构的正等轴侧图或平面透视图的方式画出整体的模型组合，画面中加入平面图。

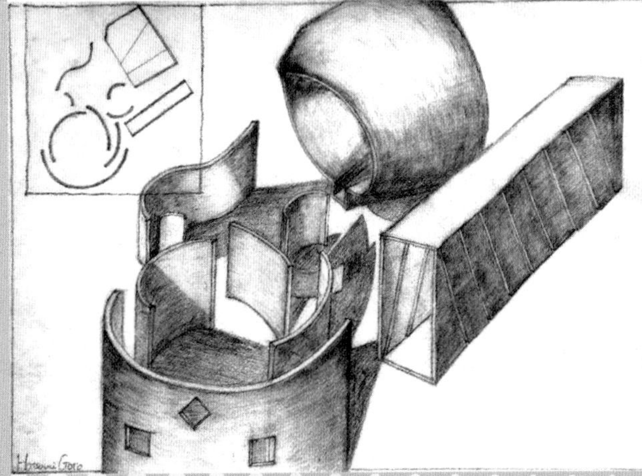

01-1

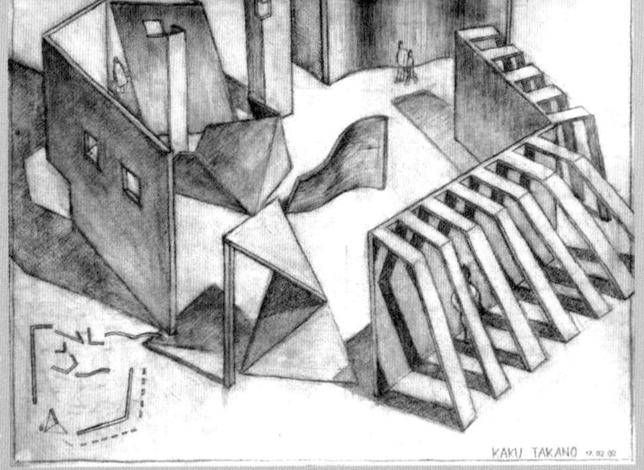

01-2

丸山点睛

01-1、01-2、01-3的画面中都有平面图，用日本传统绘画中去掉屋顶的方法表现出包围的、开放的、封闭的、细长的4个空间，各个空间的配置关系也很平衡，并且巧妙地表现出空间之间产生的外部空间。特别是01-2中借用光影的表现，以及平面图和人物之间的配置关系都让整个空间更容易理解。

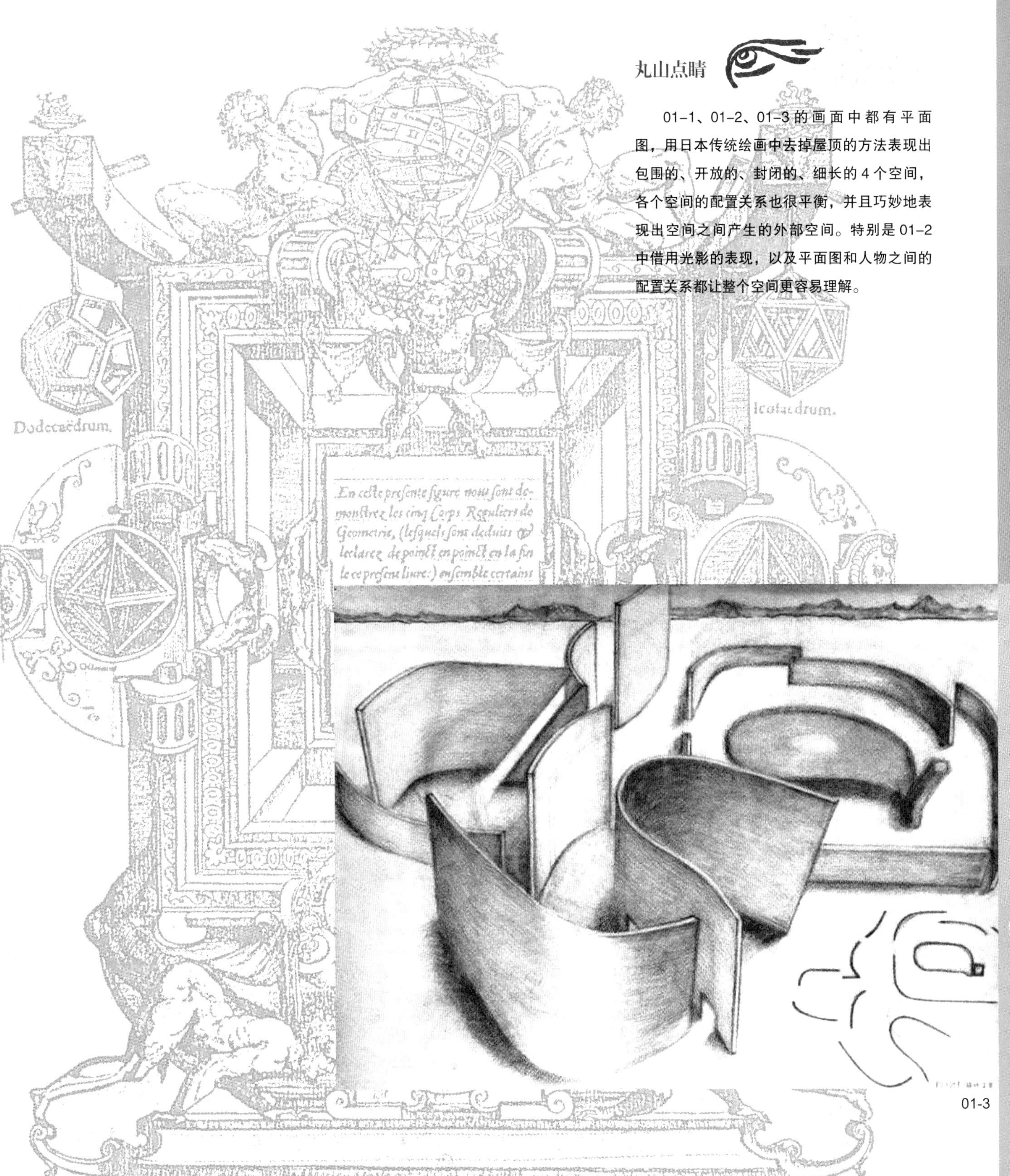

01-3

作业步骤

01

按照课题顺序摆放作品，像下图那样将 A2 对折，做成折页。

02

A2 向外的对折部分紧紧地贴在一起，并在连接部分用细长纸条进一步固定。使用糨糊比胶带更加牢固耐久。

03

设计“基础设计”的题目、自己的名字，书写在封面上。注意版式的观赏性。

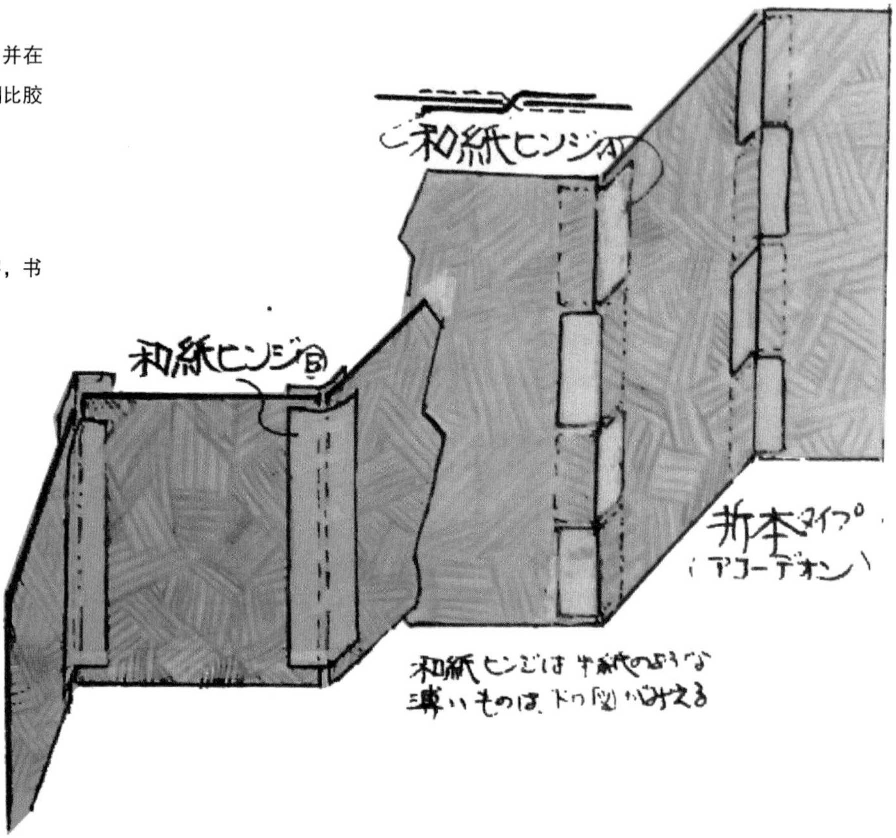

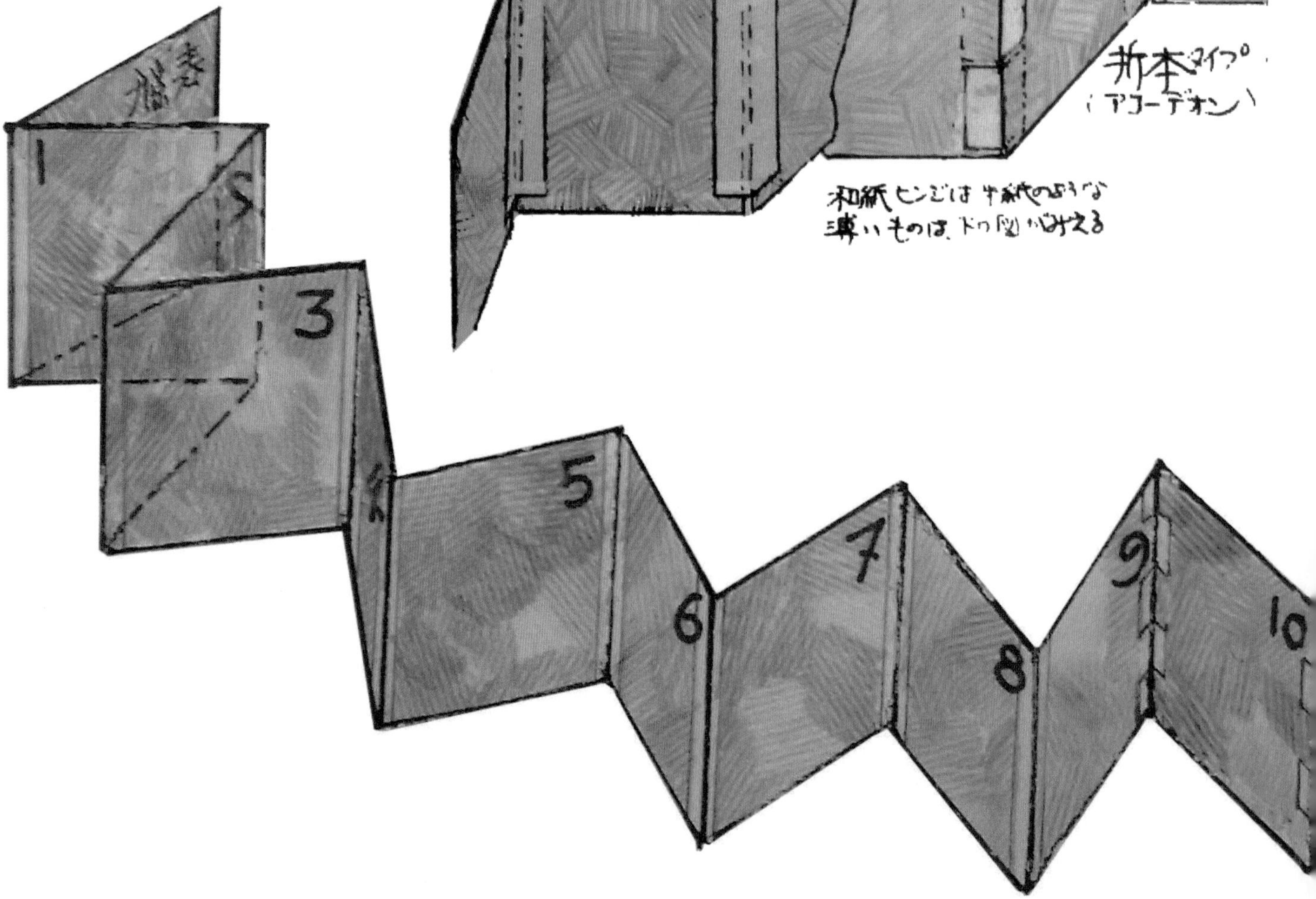

整理课题并制作成书

Lesson 15

前面完成的课题 1~14 是尝试创造新的空间，用三维立体方式制作出来。这次是训练我们的美感，尝试用纸张这个二维平面的媒介通过独特的构成方式更加赏心悦目地表现出来。将 14 个课题的成果汇总成册，也是我们所有课题的最终呈现。可以称为作品集。总结是让自己的创作行为告一段落的行为，然而希望在完成的基础上更好地表达出自己，也可以对每个作品进行改良，甚至重新制作。但是，必须是用一页纸总结一个课题。制作时注意要让他人容易理解作品的制作意图，视觉上赏心悦目，拿在手里翻阅时有趣味。

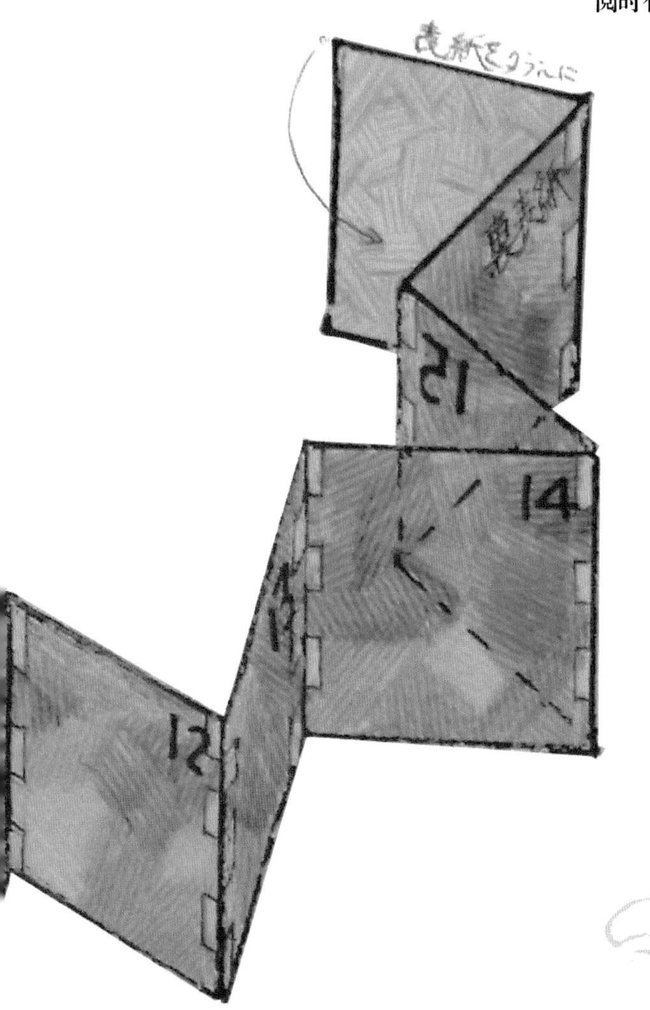

第三幕

工作坊

workshop

在大学时代，我曾经和八位同学一起创办了名为“Group H”的学习小组，一起做设计项目。那时恰好吉阪隆正老师和师哥们为准备大赛进行共同制作，这对我触动也很大。20 世纪 60 年代，全世界的青年都受到嬉皮士运动、越南战争、中国“文化大革命”的影响，当时我们很多人着迷于自己制作防空壕。带着大家一起制作和自主建设这两方面的意图，我陆续开始在各地和学生一起做工作坊（workshop）。

工作坊这个词汇近年来出现在各个领域，在这里请大家理解为“活动手脚，使用全身的感觉，和伙伴们一起制作造型或空间的活动”。第二幕的基础设计（Basic Design）是在室内进行的。这一章则要走出教室来到野外，在大自然的怀抱中使用天然素材进行制作。制作地点的风土、历史、自然、地势、人文等各种条件会引来多样化的解读方式，促使工作坊的工作方法也不断改进。

工作坊的企划→设计→施工→维持的整个过程以及各个阶段中，我们都会有不同的收获。企划阶段，是共同对工作现场的风土、历史、人的生活进行调查。在开始设计前的共同认知阶段中，大家可以交流各自不同的看法。

在设计阶段，个人绘制草图和分小组讨论两种方式交替进行。从画出自己的想法、互相传达、讨论，到最后整理统一的整个过程，让大家的意识从对立变为共识。在施工阶段，我们会体味到大家共同制作的人海战术所带来的兴奋和鼓舞。凭借着恒心，认真制作直到最后作品完成的那一刻所感受到的惊喜，以及作品上留下的所有人的印记，都让大家对作品产生了更深的感情。从企划、设计阶段就要斟酌材料的合理入手方式，考虑作品完成后材料的再利用。另外，完成后的日常维护及修理也是工作坊的重要环节。通过体验工作坊的各个阶段，大家会理解建筑的造型活动不是建筑师一个人的作品，而是由很多人用双手共同劳动的结果。

工作坊还能享受即兴所特有的乐趣。即使已经准备好了模型和图纸，也会由于收集的材料以及收集材料的人甚至那天的天气而不得不作出改变。让我们随机应变地寻找最好的解决方法，享受其中。一同感受成功的喜悦后，每个人试着用自己的画笔记录整个活动。请动手用心地记录工作坊的成果，而不是用数码相机。在这里向大家介绍的 15 个素材是在不同地域进行的，都是便于实施的案例。

1-1

1-2

1-3

联想宝库（Image Archives）——❶

1-1 阿尔及利亚姆扎卜的古坟
1-2 摩洛哥阿特拉斯山中的土坯房
1-3 阿尔及利亚姆扎卜山谷的盖尔达耶街景，围绕清真周围的土坯房
1-4 中国福建省客家土楼
1-5 美国新墨西哥州原住民居住的土坯房
1-6 美国新墨西哥州陶斯地区的印第安人村庄的连排住宅
1-7 马里南多村多贡人的清真寺
1-8 马里的粮仓
1-9 美国科罗拉多州弗德台地国家公园印第安人阿纳萨奇居住地遗址
1-10 摩洛哥阿特拉斯山人们在建筑夯土墙
1-11 法布尔《昆虫记》中的蜂巢（1734-1742）
1-12 塔状的非洲白蚁巢，有通道及储藏食物的仓库
1-13 内部结构复杂的红蚂蚁巢穴
1-14 突尼斯的洞窟（19 世纪的铜版画）

1-4

1-5

1-6

1-7

1-8

1-9

1-10

土（版筑）

Work 1

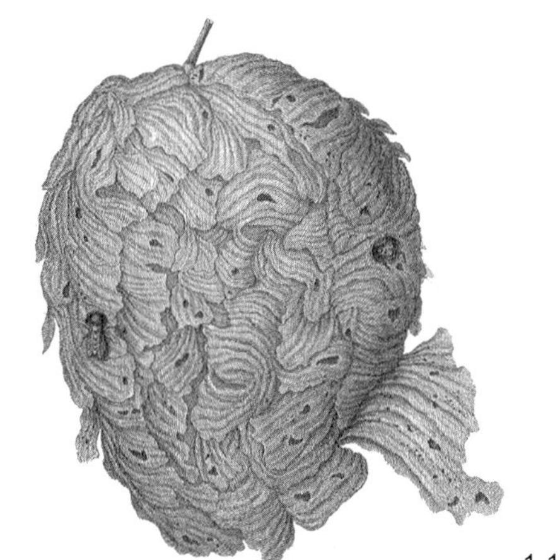

1-11

1-12

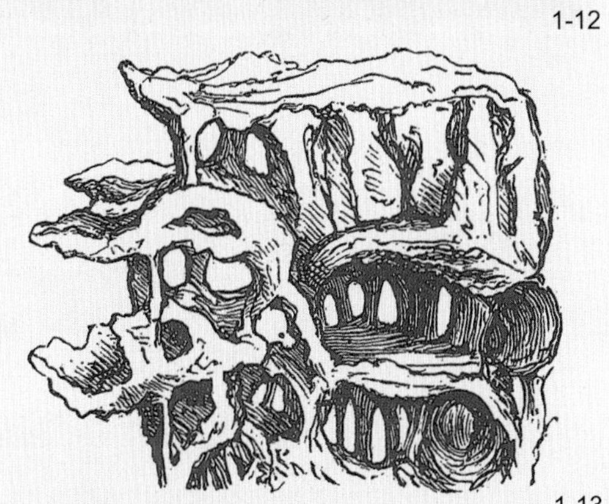

1-13

1-14

土是世界各地随处可见的素材。非洲、中近东、南美、中国等地今天仍然在用土建造房屋。根据联合国教科文组织 20 世纪 70 年代的调查结果，世界上 70% 的人居住在土建房屋。虽然每年都会有新的工业建筑材料面世，但是近年来开始重新评价土作为建筑材料的价值。

土分为以动植物为主的有机质和含岩石中小粒子的无机质。属于无机质土的黏土在很久以前就作为建材被广泛使用。黏土中加入沙、石灰、麻刀（纤维材料的总称）、糊状的海藻（现在为化学黏合剂）等物质可以增加强度。由于土怕水和湿气，建筑物必须有屋顶和房檐。虽然土是在任何地方都可以获取的材料，但是土的性质会因地质和风土而变化。土还有很多可能性，而且可塑性强，所以土是值得我们学习的优质素材。

虽然因当地的气候、风土以及黏土的含量的不同导致使用方式和制作存在差异，但是版筑、土坯、抹泥这三种技术目前仍然是世界各地最普遍使用的方法。

版筑是把黏土放入夹板中夯实，里面几乎不加水。黏土的粒子因有规则地排列而具有石头般的硬度。还可以加入石灰进一步增加强度。

土坯是把加水搅拌好的黏土放入模具中，立刻拔去模具自然干燥，用垒砖的方式作做墙壁。当然，也可以用版筑的方法制作土块。

01 穴舞台

由舞踏家田中泯主办，位于日本山梨县白州町田野里的舞台。挖一个长 6m、深 2m 的正方形坑，周围用版筑结构固定墙壁，以表现地层。版筑墙壁是把挖出的土夯实。

02 扭曲的堤防

日本早稻田大学艺术学校校庆时，艺术系学生进行的尝试。土质的版筑及尾部用旧报纸、传单做的版筑。夯实的方式增加了强度，泥土中加入颜料，用色差来表现地层。

01-1

01-3

01-2

02-1

02-2

02-3

03 土的凉棚

在英国东伦敦大学的校园里，在校生与早稻田大学艺术学校学生共同制作完成。因为临近高速公路，在制作时必须考虑隔音问题。这里分别使用土建的三个技术：土坯（烧烤用的炉灶和烟囱）、抹泥（半圆穹顶部分使用灰浆制作）和版筑（半圆矮墙）。

03-3

04 啤酒田

法国西部肖蒙城堡的庭院艺术节，由巴黎的建筑学校和名为“Kaba”的艺术工作室一起制作完成。啤酒花的凉棚，斜面铺满麦子。可以在等待收获的季节酿造啤酒，然后在版筑的半圆形小广场上干杯！大家一边做着这样的梦，一边洒着汗水工作。

03-4

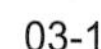

03-1

03-5

03-2

03-6

04-1

04-2

04-3

04-4

05 面包披萨炉

2015 年 5 月法国亚眠市，由 NPO 组织和当地居民、学生共同制作。以前在欧洲有村落里使用公共烤炉烘烤面包的习惯，大概是为了防止火灾。这次当地居民希望搭建节庆时共同使用的烤炉，在工作坊中大家一起动手设计了兔型烤炉并建造完成。直径 1.2m 的环状金属网中投入水泥、沙、沙砾石混合固定。烤炉的拱顶部分先用沙子作出半球体，在上面重复涂抹泥沙浆固定，干燥后取出沙子。烤炉成型后大家动手添加兔子的耳朵和眼睛以及马赛克装饰。

05-1

05-2

05-1

05-2

2-1 布基纳法索南部村庄建造谷仓，用泥固定土坯砖块再在表面抹一层泥。

土（抹泥）Work 2

我们日常在都市中走的路都是人工的大地。只有挖开铺装材料，泥土的大地才会露出，从土层中呈现出历史的容貌。如果以大地为舞台进行创作，首先要了解那里以前是怎样的一个地方，什么地形，怎样的地质结构，地下水是怎样通过的。了解了大地的变迁，创作的作品一定会融入那里的风景。

抹泥，有在板条或竹骨的墙胎上涂抹的方式，还有在石块或砖垒起的墙体上进行的。这两种都是以保护墙体为目的，将泥土作为装饰材料使用。

日本木造建筑的土墙有留出柱子的“真壁”和把柱子埋在里面的“大壁”两种。在抹灰板条或竹骨胎的墙胎上，为了不让泥土松动，格子之间会用抹子用力将土抹进去。竹子圆滑的部分会编上粗糙的绳子以承受泥土的重量。

日本传统仓库为了追求耐火性和耐久性专门用土建造，这完全凭借专业抹面工匠的技艺。当然临时仓库只需选择优质的泥土就可以建造。如果仅在墙面抹泥的话会因为泥土的收缩而裂缝，变得粗糙，所以在抹第二层时会加入沙子防止泥土收缩。第三层、四层涂抹灰浆。改变最后的涂抹方式可以表现出不同的肌理。日本有很多种方法，具体制作时可以邀请左官（日本对抹面工匠的专称）向大家传授技艺。广泛的参与和众多的体验让这个活动更加丰富。

01 素土地面的庭院

法国西部肖蒙城堡的庭院艺术节，由南特建筑学校、早稻田大学艺术学校以及有形设计机构共同制作，左官久住有生先生指导。将黏土、石灰、沙和少量水混合搅拌铺在地面，然后从上面用力敲打，简易的素土地面就做好了。光脚踩上去泥土的触感立刻传递到全身。

02 手涂墙

地点和参加者与版筑 04 相同。将做栅栏用的木条斜插入地面，黏土、石灰、沙、麦秆和少量的水混合，用手涂进缝隙中。

03 扭转的屏幕

早稻田大学艺术学校校庆活动时，由在校生们制作。先做出双曲抛物面壳状的灰浆模，然后将再生黏土、白水泥、素瓦的碎片和稻秆充分搅拌涂在铁网上，做出这样的多个部件。组合脚手架，连接做好的部件，这样双曲抛物面壳状的墙面就完成了。打上灯光后看起来就像从外星球降落在地球上的不明物体一样。

01-1

01-2

02-1

02-2

03-1

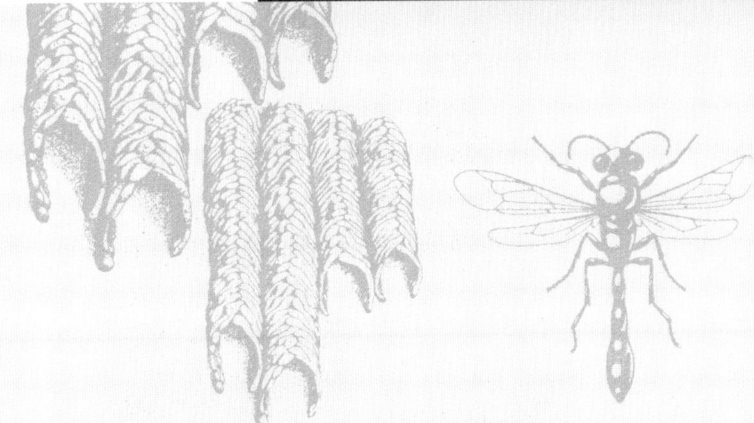

03-2

04 连续蝴蝶领结

法国东部阿尔凯特瑟南斯皇家盐场，格勒诺布尔建筑学校和早稻田大学艺术学校学生共同制作完成。左官指导为久住兄弟。搅拌均匀的黏土、稻草、水泥涂抹在铁网上，做成蝴蝶领结形状的部件。再将这些部件固定在斜插入地面的钢筋支架上。土质的蝴蝶领结排列在勒杜设计的建筑物前。

05 土的屏幕

场地和参加人员与04相同。麻布上涂抹石膏，用土加工成双曲抛物面壳状的部件，最后固定在钢筋的格子支架上。虽然是土质，却似乎像布一样轻盈，随风摇摆。

06 土壁茶室

在美国费城郊外的一家农场里，宾夕法尼亚大学研究生们建造的茶室。在左官久住章的指导下，大家首先学习抹子的用法，尝试涂抹练习，开始自己建造土墙的茶室。

07 灰浆镂空穹顶

参加法国河口双年展的作品《星光灿烂的公园》，日法学生一起制作完成的儿童公园。6mm 的钢筋交织成拱形，部分位置固定铁网，在上面涂上少量的灰浆。作为最后装饰再涂上一层白水泥、沙和少量黏土的混合物，半干状态时削刮表面，洒上酸化剂后颜色更加沉静。进入到内部空间可以透过镂空部分看到天空。

04-1

04-2

04-3

05-1

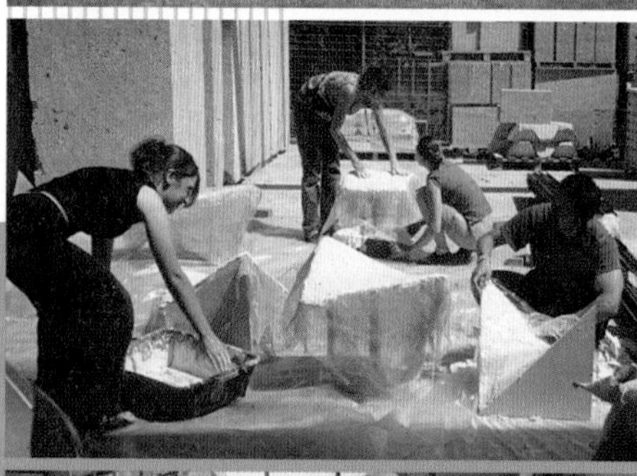

05-2

05-3

06-1

06-2

06-3

07-1

07-2

08 泥土节

法国里昂近郊的泥土节上，使用当地特产的布料和土造型的工作坊。当地居民、儿童和格勒诺布尔大学学生共同参与设计搭建，体验泥土的乐趣。

08-1

08-3

08-2

08-4

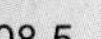

08-5

08-7

08-8

08-9

08-6

3-1

3-2

3-3

3-4

淡竹

3-5

联想宝库（Image Archives）❸

3-1 印度尼西亚弗洛里斯岛的竹林
3-2 京都化野的竹林
3-3 以竹子为元素的家纹
3-4 以竹子为元素的图案（竹垣）
3-5 《本草图鉴》中的淡竹
3-6 能登门前町的夏收节
3-7 老挝的竹乐器 —— Khene
3-8 中国的竹乐器 —— 笙
3-9 印度尼西亚苏拉威西岛的乐器
3-10 韩国的大琴
3-11 武城七夕的《江户岁时记》
3-12 踩着竹高跷从绳子上取点心的印度尼西亚的孩子们
3-13 歌舞伎的大型道具 —— 薮叠（丛林）
3-14 杨辉的折竹题《详解九章算法》
3-15 纽约 IBM 大楼的竹园
3-16 高台寺伞庭天井
3-17 有乐斋如庵的下地窗（可以看到墙壁基底的窗户）
3-18 桂离宫的竹垣
3-19 越南河内卖竹子的商店
3-20 哥伦比亚的竹吊桥
3-21 桂离宫庭园中的关守竹（表示禁止踏入）
3-22 泰国北部哈尼族的竹屋
3-23 哥伦比亚教堂修复使用的竹子脚手架
3-24 新几内亚的竹屋
3-25 印度尼西亚苏拉威西岛托拉雅族的房子，以竹子做骨架
3-26 用竹子做的水管道（香港，1843 年左右）

3-6

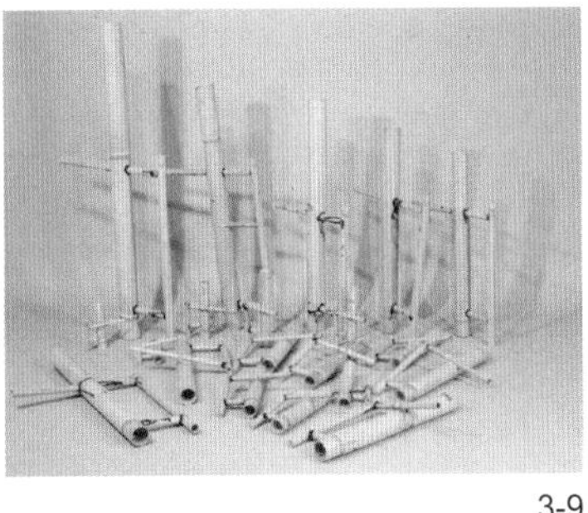
3-9

3-10

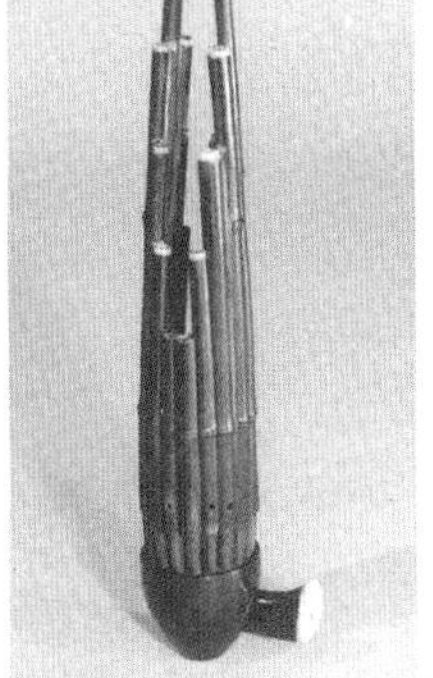
3-8

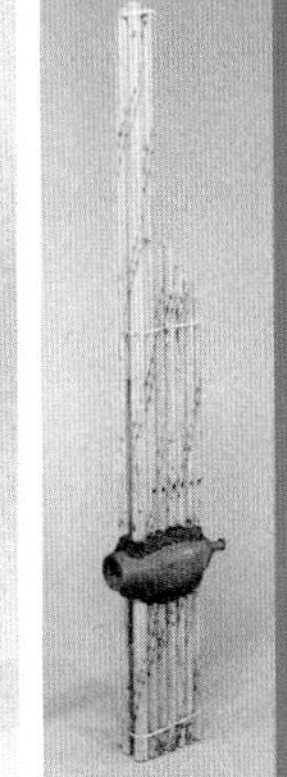
3-7

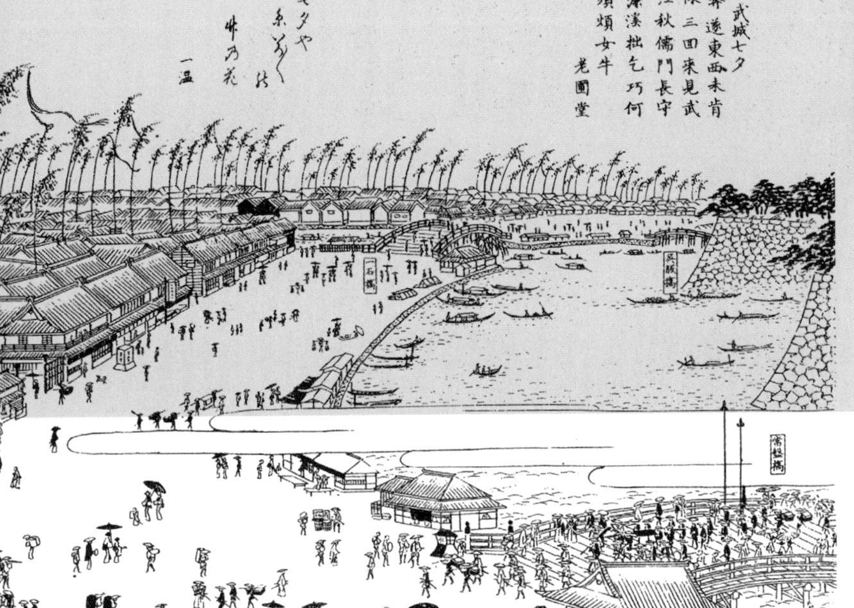

3-11

3-12

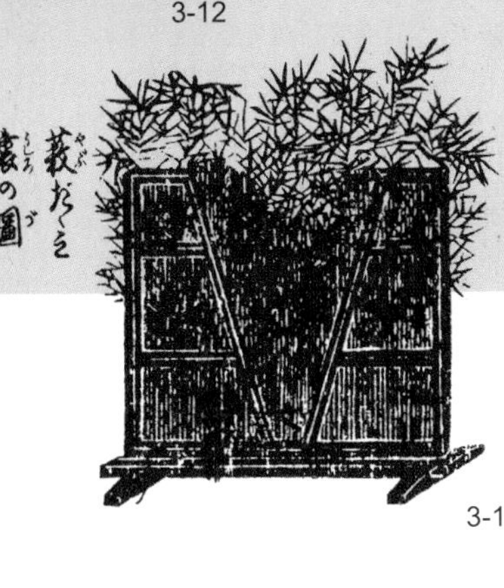
3-13

3-14

3-15

3-20

3-21

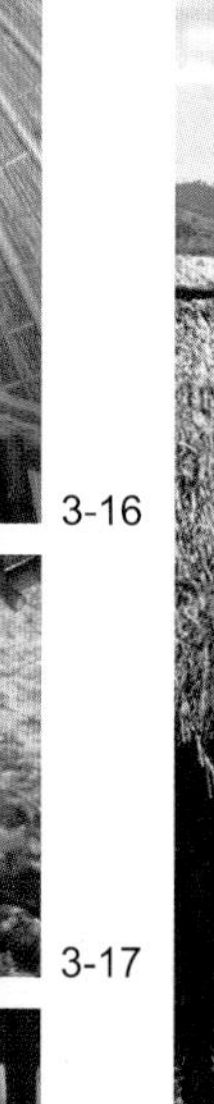

3-16

3-22

3-17

3-18

3-19

3-23

竹（圆竹）Work 3

竹子是日本风景中不可缺少的植物。有很多描写老虎及竹林在朦胧月光下画面的绘画作品，可以说竹子对日本人来说是连接宇宙（未来）和大地（现世）的桥梁，是生命力的象征。笔直地向天空延伸的舒展，被弯曲时立刻复原的柔韧，破竹时的爽快，形容人的性格时也有“像竹子一样”的说法。由此可见竹子对日本人的精神层面一直有着巨大的影响。

在塑料工业制品问世之前，建筑材料、捆包用材、灯笼、伞、竿子、笔等生活用品都离不开竹子。种植粗壮的毛竹或趁手的单竹的竹林像日本的里山一样需要人工护理。冬季伐竹，春季采竹笋。人工的介入保障了竹林良好的状态。

现在有效使用竹子的机会越来越少，农家也放任竹林自然生长。竹子根部不断扩大，竹林通风不好等各种原因让不少人把竹林视为麻烦。如果主动提出砍竹子的请求，主人会满怀欣喜地答应下来。破竹的方法、砍伐的时间等问题可以向老一辈的人请教。

一般竹子砍伐的时期是 10 月到第二年 3 月。这段时间竹子因为不从地下吸收水分会很轻，而且没有虫卵附着，也很少有芯部被虫子吃掉的情况。

竹子相互接合的部分可以使用一种好用的铁丝，经过火烤会变软，然后用锥子旋转铁丝捆绑固定。

3-22

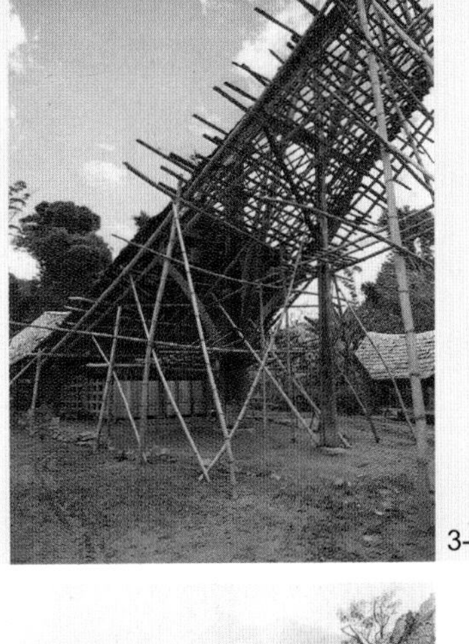

3-23

3-24

01 天空斜路

在日本琦玉县本庄市早稻田大学校园，在校生一起制作的通向天空的斜路。从竹林和杂木林的生态调查开始，制作模型，捆扎采伐的竹子，最后建造起 13m 高的森林观察塔。

01-1

01-3

01-2

01-4

01-5

01-6

02 竹子的大穹顶

舞踏家田中泯在山梨县白州町举办的艺术节上，居民和艺术节的参加者以及动物园队（Team Zoo）的成员一起共同制作宿舍和舞台。在休耕的土地上把成捆的竹子排列好，靠一百个人的力量同时撑起竹子，在局部添加竹子用绳子拉紧，固定。搭建起直径 30m、高 9m 的半圆形剧场。

02-1

02-5

02-2

02-3

02-4

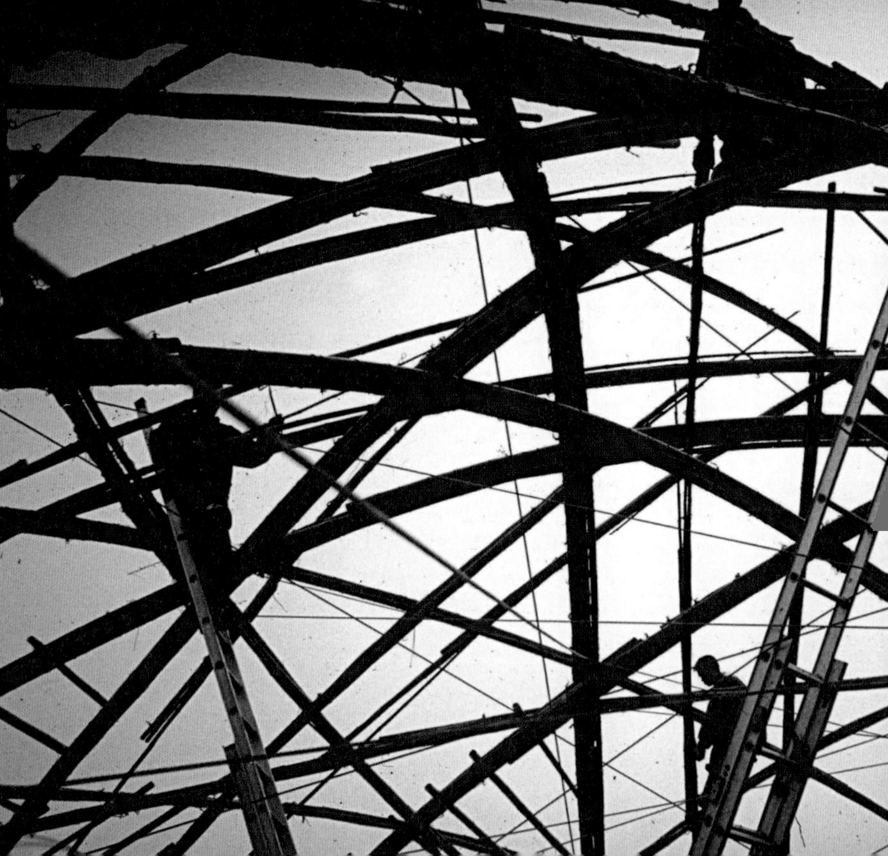

02-7

02-8

02-6

＊ Team Zoo：

象设计集团和 MOBIRU 工作室等，毕业后各自成立工作室的成员们，用海豚、熊、鳄、龙、鲸这样动物名称给事务所重新命名组成了 Team Zoo（动物园队）。其中还包括家具设计的方园馆、景观设计的高野文彰等人。有时也会共同进行设计。

03 森林的灯台

场地和参加者与 01 相同。在杂木林的斜面上，中央用破开的竹子编织成的倒圆锥状烟囱，上面支撑一个观察森林的八角形瞭望台。

04 竹的读书室

印度尼西亚苏拉威西岛，由望加锡大学学生和日本学生共同制作的地方图书馆半露天读书室。地面、墙壁、房顶都是用圆竹搭建，通风性能超群。

05 竹的回音板

为活跃在大分县久住高原的太鼓乐团 TAO 搭建的回音天盖。中空的毛竹按天盖的形状排列在太鼓的上方，目的在于营造低音效果。

06 竹舞台

地点和 05 相同。TAO 的成员、居民、有形设计机构协同制作的太鼓演奏舞台。出场的通道、太鼓桥的地面和背后都是用毛竹排列而成。

03-3

03-1

03-4

03-2

04-1

04-2

06-1

05-1

06-2

*有形设计机构

丸山担任运营委员长的非营利组织。通过工作坊的形式，实施以引发大家思考人与自然关系为目的的教育。从2003年开始活动。

4-1 泰国北部哈尼族的竹屋

竹（竹片）Work 4

在发明塑料制品之前，竹条是制作篮子、灯笼等农业、渔业用具或厨房用具的宝贝。提灯或青森灯笼节使用的那种大型灯笼也要用到它。先用竹条做造型，再在表面贴上和纸（手工纸），做出自由的造型。

竹子一般四年就能成材，与木材同样作为建筑材料使用，所以应该更多地加以利用。圆形的单竹或毛竹的强度和管子相同。虽然耐弯曲，但一旦过度就会破裂，所以劈成竹条使用更加易于弯曲。带状的竹子通过重叠或编织能够分散重力，在竹子本身的反弹、复原的作用下结构更加坚实。要编制像灯笼一样的纤细形态时，应该避免叠加时增加的厚度，劈成更薄的竹条更利于编织。

在竹条编织的基层上涂抹泥土可以制作出拱形空间。当然也可以使用竹子的枝叶。工作坊当中没有任何废材可言，所有的素材都是可以使用的。

要想把竹子按照四等分、六等分、八等分整齐地劈开需要专门的工具，现在可以买到类似劈刀的工具。手握在劈开竹子纵向切口时容易受伤，所以用劈刀砍竹子边缘部分时最好穿长袖，并且戴上手套。

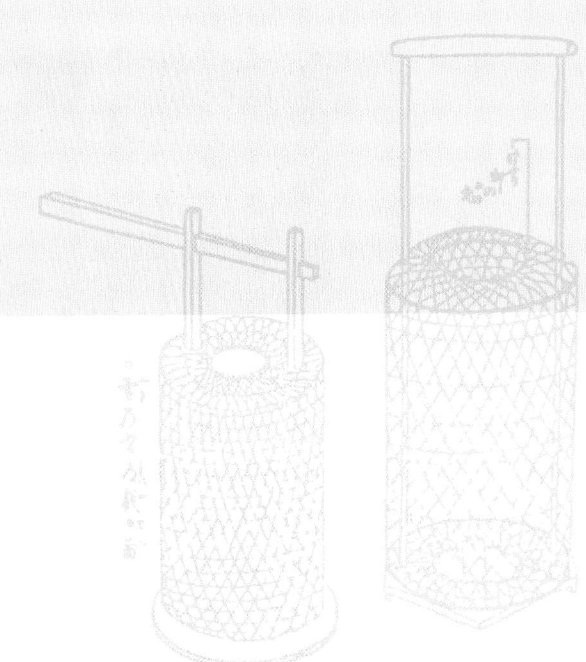

01-1

01 淡路的鸟巢

在日本兵库县淡路岛面海的久住章左官工作室，由早稻田大学和宾夕法尼亚大学的学生共同制作的遮蔽所。竹片上铺一层金属网，再在上面涂抹土层。宛如在大地上扭动着的鸟兽。

02 竹屏风

京都吉水旅馆的庭院。早稻田大学艺术学校、神户大学、有形设计机构共同制作的屏障。将旅馆后山野生的竹子劈开，水平排列，按照屏风样式悬挂。

03 陆地球藻

日本原同润会的江户川公寓，由 MOBIRU 工作室工作人员制作的供一个人使用的遮蔽所。尝试用一根竹子制作测地线拱顶（拱券结构）。竹枝做成的拱顶看起来像球藻一样。

01-2

01-3

02-1

02-2

03-1

03-2

* MOBIRU 工作室
　　丸山欣也主持的建筑事务所，1968 年设立。

5-1

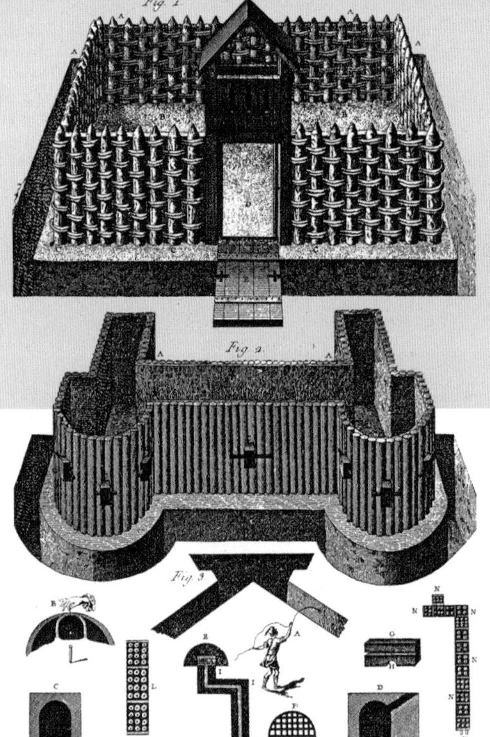

5-2

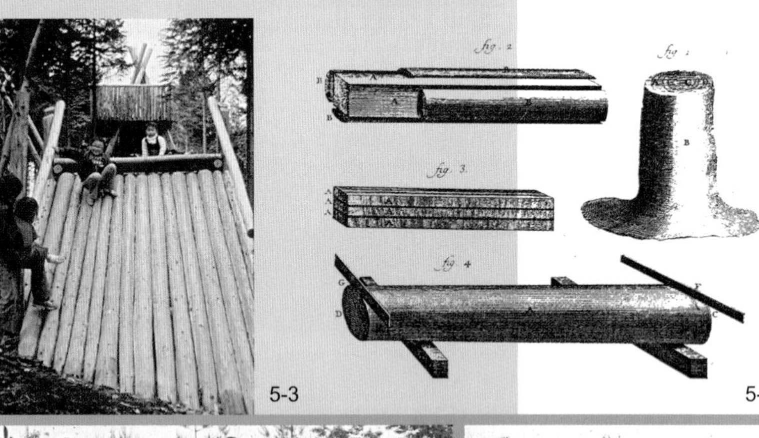

5-3

5-4

5-5

5-6

联想宝库（Image Archives）5

5-1　建造中的八角形房子（美国亚利桑那州）
5-2　土耳其民兵的要塞《百科全书》
5-3　幼儿园的户外大型玩具
5-4　原木加工方式《百科全书》
5-5　日本町田市的冒险游乐场
5-6　斯堪的那维亚半岛萨米尔人的小屋（采伐原木做柱子，上面糊一层泥炭土）
5-7　让－雅克·勒克（Jean-Jacques Lequeu，1757~1826）笔下原始人的小屋
5-8　中国台湾原住民的空中集会场
5-9　日本京都仙洞御所的池子和树木
5-10　绳纹时代的房子（三内丸山遗迹）
5-11　压木薯的机器《百科全书》
5-12　原始小屋（1673）
5-13　在河床上用圆木支撑搭建房子
5-14　圆木围起来的美国村落（1585）
5-15　美国原住民的圆木搭建方式
5-16　南阿拉斯加海达族的图腾柱
5-17　古代美索不达米亚的圆木木筏
5-18　美国原住民掏空圆木制作独木舟
5-19　圆木雕刻弥勒菩萨（小原二郎的研究）
5-20　木头中间的蜂巢的截面图
5-21　利用原木支撑开采矿石
5-22　道格拉斯的年轮年代测定
5-23　环形动物玩具
5-24　用圆木加工鞋子的工序
5-25　日本诹访大社的柱子
5-26　19 世纪初法国有关造船时选择木材的图释
5-27　17 世纪英国介绍如何截取造船木料的专业书籍

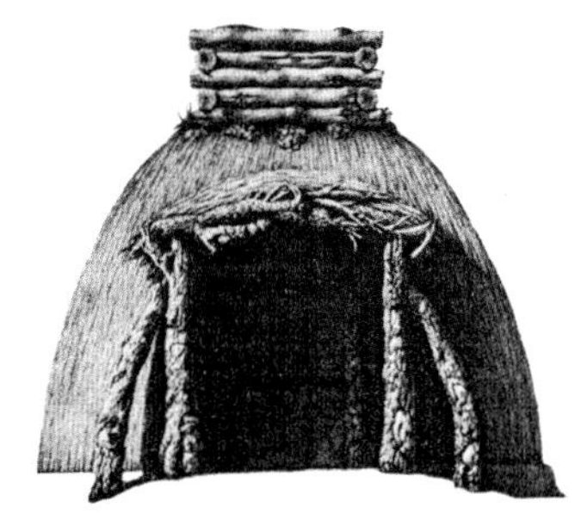
5-7

5-9

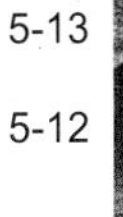

5-10

5-8

5-14

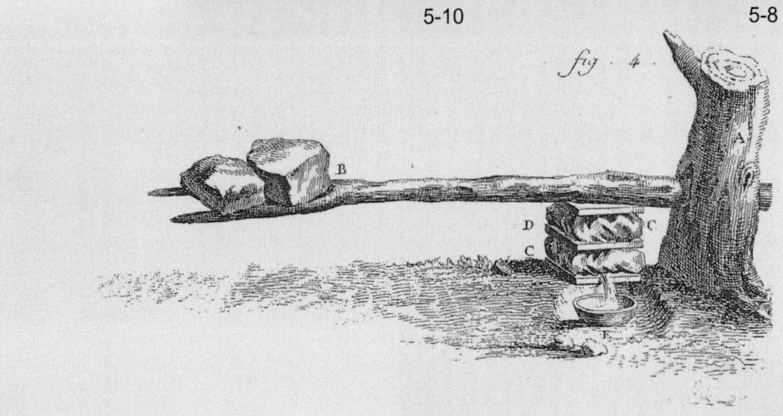

5-11

5-15

5-13

5-12

5-16

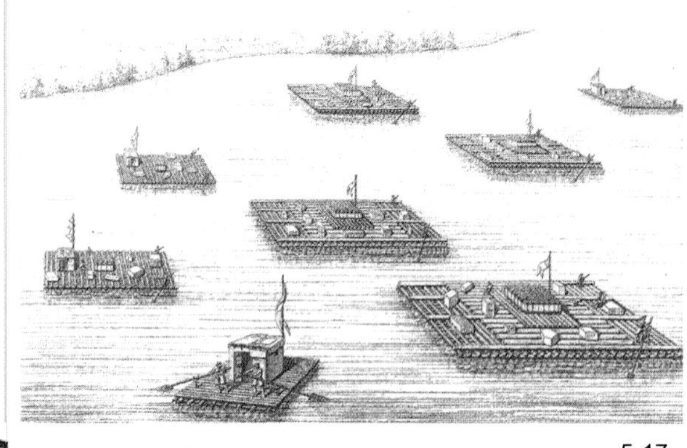
5-17

5-18

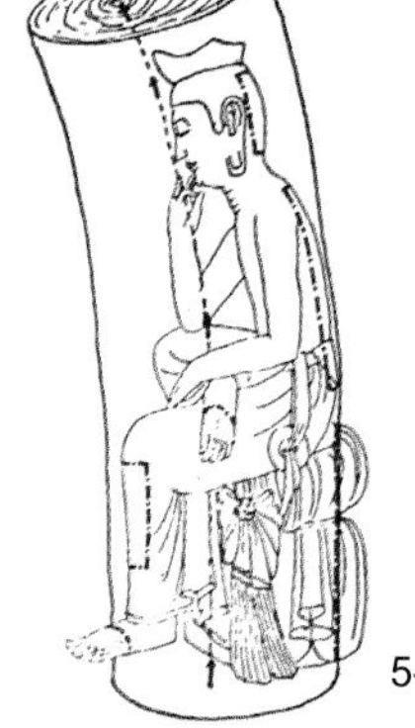
5-19

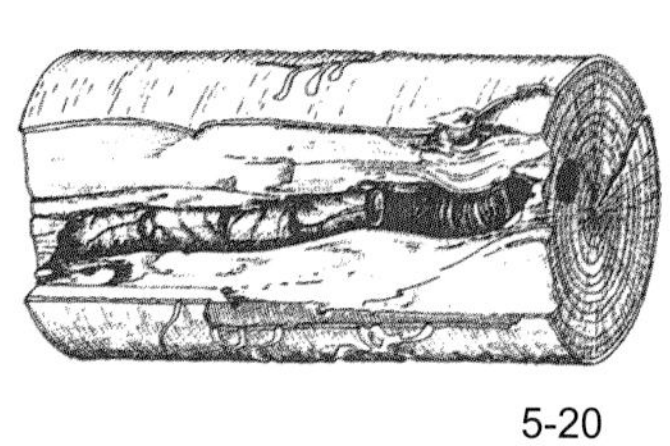
5-20

5-21

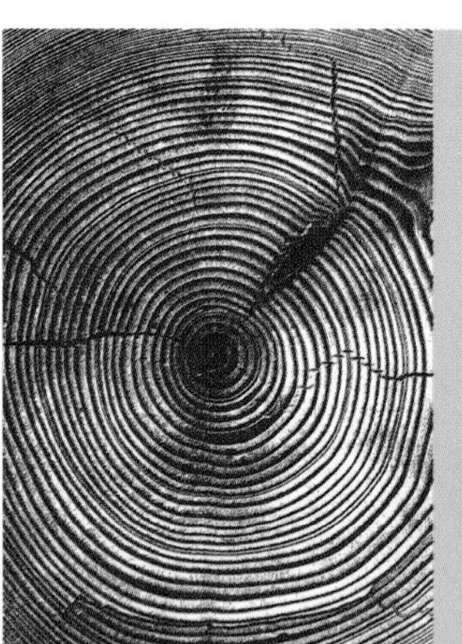
5-22

5-23

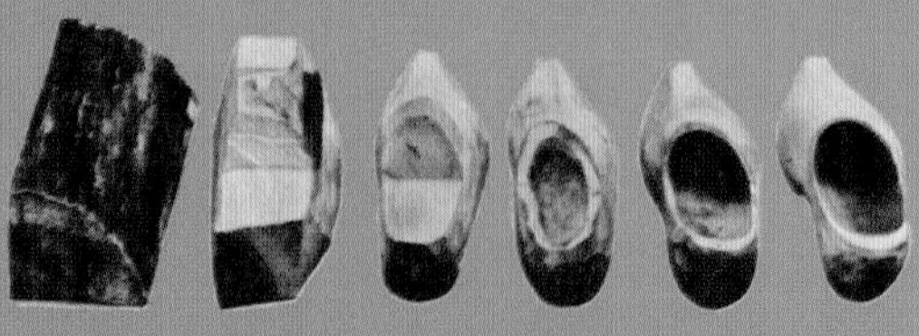
5-24

圆木 Work 5

5-25

日本在江户时代以前就开始人工植林了。种植杉树、桧树、松树等可以作为木材使用的针叶树。杉木生长在北方，是纹理细密的高级木材。南方的樟木以及常见的榉木、桧木（刺柏）也都是很好的建筑材料。建造神社一般用桧木，而寺庙一般用樟木。

在便利的工具出现之前，人们只能用石头来切割打磨木材。锯子和刨子从中国大陆传入日本后开始更细致精准地切割木材了。因为工具的进步，盖房子变得更加方便，也更加讲究形态。因针叶树的需求不断增大，植林面积进一步扩展。

6 世纪中叶佛教从中国大陆传入日本后，各地兴建寺庙，神道也受此影响开始大量修建神社。这股风潮导致日本山林大面积枯萎，各地发生灾害。由此人们开始治山治林，10 世纪已经确立了建筑用材通过人工植林供给的生产体系。后来又创立了可持续管理山林的“入会权”组织，一直延续至江户时代。

秋季和冬季树木从地里吸收水分，是最适合伐木的季节。采伐的树木被运往储存场所，以水代替树汁，然后慢慢晾晒。如果是使用圆木，就需要在表面浅浅地刻下划痕以防止木材从中心裂开。虽然日本现在使用的是钢材的脚手架，但在 1990 年以前一直都是使用圆木来搭脚手架的。

5-26

5-27

01 固定圆木

圆木是指带皮的杉篙。树种一般是松树、杉树、桧树、白桦树等容易到手的当地树木。用铁丝固定圆木。为了稳固可以把三股铁丝拧在一起使用。

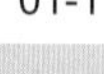

01-1

02 藤架

在日本冲绳县今归仁村的中央公民馆，制作的覆盖整个屋顶的簕杜鹃藤架。从全国召集的志愿者每年夏天来到这里共同制作。前后历经 16 年完成。

03 圆木飞檐

在日本东京八王子研究所的营地，参加 JIA 研究的学员和宾夕法尼亚大学夏令营的学生们共同制作完成。将 2 根圆木捆绑成的部件组合在一起构成扇形空间。

01-2

04 圆木迷宫

在法国东部阿尔凯特瑟南斯皇家盐场，由格勒诺布尔建筑学校和早稻田大学艺术学校的学生共同完成。从附近森林里找来木柴捆绑堆放组成迷宫，地面铺满横切的圆木片。

01-3

01-4

02-1

02-2

03-1

04-1

05 圆木菱格子

在日本兵库县淡路岛面海的久住章左官工作室，早稻田大学研究生们建造的遮蔽所。菱形格柱子和土墙支撑起半透明的屋顶。

06 圆木虫

地点和 05 相同，早稻田大学学生建造的地下冥想小屋。围墙用版筑结构建造。屋顶是将圆木固定成螺旋状，之间用横条木板镶嵌作为顶棚。光线透过木板之间的空隙在地面映射出格子状的影子。

07 圆木

地点和 03 相同。进入具体搭建之前，用方便筷子做出模型，确认构造和施工方式。圆木借用编织方式组合在一起，固定时没有使用铁丝而是依靠圆木之间挤压的力量。

08 圆木三足鼎立

地点和参加者与 03 相同。一根圆木立在中心，再用圆木做三个呈扇形组合的部件。将这三个部件围绕中心的圆木构成三足鼎立的状态。经过分组设计构思比赛，全部人员共同制作完成。

05-1

06-1

06-2

07-1

08-1

08-2

08-3

09 休憩的木杈

在日本大分县日田市的城市遗址公园，日田林业高中学生和有形设计机构共同制作完成。制作模型后，用本地的杉树圆木组合成三叉形部件。将这些部件排列在一起，构成供人们休息的扇形空间。

09-1

09-2

09-3

09-

09-

09-7

09-6

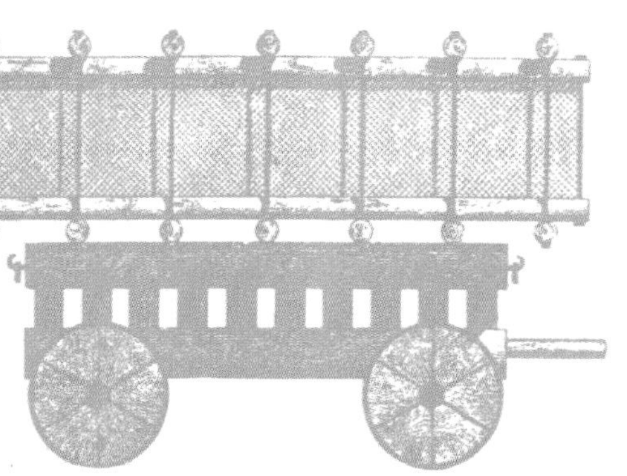

09-8

6-1

胶合板 Work 6

大家认为钢铁、玻璃、混凝土的出现大大改变了近代建筑，其实胶合板也是其中之一。胶合板是将圆木旋切成单板，再用黏合剂胶合而成的板材，通常相邻单板的纤维方向互相垂直。这种板材可以在表层使用质量好的材料，中间的夹层使用材质不太好的材料。从有效利用材料和可弯曲的特点来看，胶合板是划时代的建材，全世界都在广泛使用。

日本在明治时代后期开始使用胶合板，主要用于家具和乐器制造方面。木板的高频弯曲技术是美国在第二次世界大战中开发的。因为黏合剂性能的大幅度提高，使得这项技术得到普及。也许大家认为胶合板很单薄，不算是真正的木材。但是从有效使用低价值质地疏松的木材，以及可弯曲为二维、三维的形状创造新造型和高强度的构造这几点优势来看，胶合板可以与钢铁、玻璃、混凝土相匹敌。

在工作坊中只能手工弯曲厚胶合板，因而只能做出二维曲面。想要发挥胶合板耐弯曲的性能，可以尝试搭建拱顶式的空间。如果想要复杂的曲面，需要把胶合板裁成6cm宽的细条，重叠成带状使用。3mm厚度的胶合板可以用裁纸刀切割，这个厚度以上的都需要用锯子。在连接胶合板时可以用电钻开洞，再用螺丝或绳子固定。

6-2

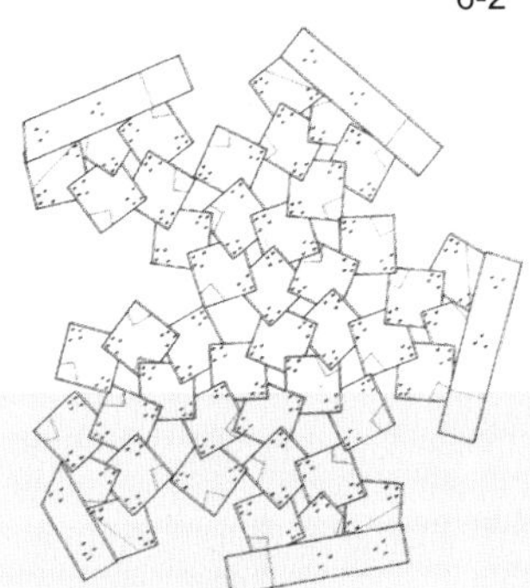

6-3

联想宝库（Image Archives） 

6-1 单层的薄木板重叠在一起，中间涂满黏合剂，放入模具内经过加热加压成型

6-2 用长方形胶合板做的小拱顶（上方是展开图）

6-3 用45张正方形胶合板和5张长方形胶合板制作的大拱顶，（上方是展开图《玩耍计划2》）

01 圆木菱格子

日本早稻田大学大久保校区理工展上学生们搭建的细长胶合板的拱顶空间。6mm 厚的胶合板弯曲后用螺丝连接在一起构成的空间。通过照明的变化改变空间的品质。

02 胶合板桥

日本东京八王子研究所的营地，JIA 研究的参加者和宾夕法尼亚大学夏令营共同搭建完成。3mm 厚的胶合板弯曲用绳子连接组成的拱桥。

03 胶合板的摩天大楼

地点和参加者同 02。各小组使用 7 张 9mm 厚的胶合板和绳子搭建塔形物体。比赛哪一组的搭建物最高，条件是顶上可以站人。

01-3

01-4

01-1

01-5

01-2

02-1

03-1

02-2

03-2

02-3

03-3

04 胶合板的凉棚

日本冲绳县琉球大学校区内，在校学生尝试用胶合板搭建的凉棚。3mm 厚的胶合板裁成长条，用绳子连接成凉棚。阳光从板材之间缝隙射入形成的影子很有美感。

05 胶合板温室

法国卢瓦尔河河口双年展《星光灿烂的公园》作品中，日法学生共同搭建的温室。在搭建温室的拱顶时，把裁成细条的废旧非洲木料捆扎成束当作胶合板来使用。用绳子捆好弯曲，以增加其强度。背板使用可循环利用的宽一些的非洲木材，通过编织的方式来增加强度。最后蒙上塑料布，温室就建好了。

06 野生房

在日本那须高原上，早稻田大学艺术学校学生尝试搭建的作品。把建筑工地挖出的废土装进麻袋垒成圆形，上面的部分使用电锯切好的椴木胶合板零件进行组合，用绳子固定连接处。灯光的装点让人不禁有宇宙飞船降落在那须高原上的错觉。

04-1

04-2

05-1

05-2

05-3

05-4

06-1

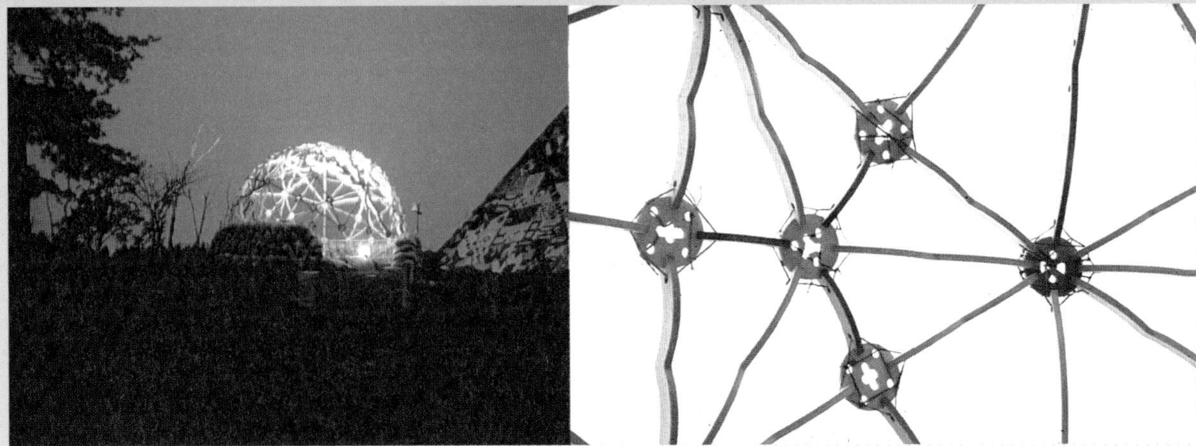

06-2

06-3

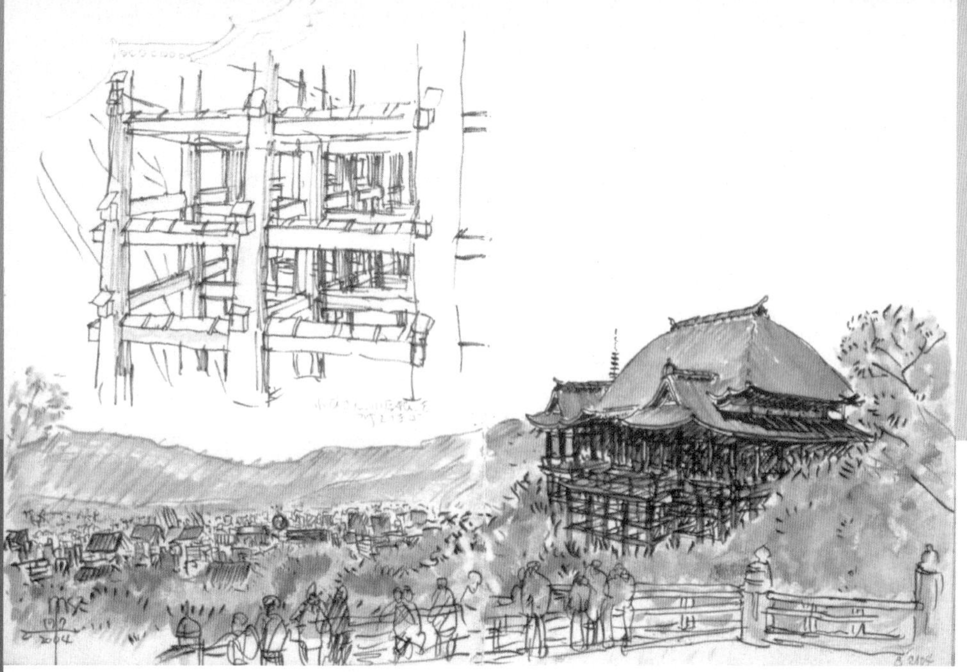

7-1

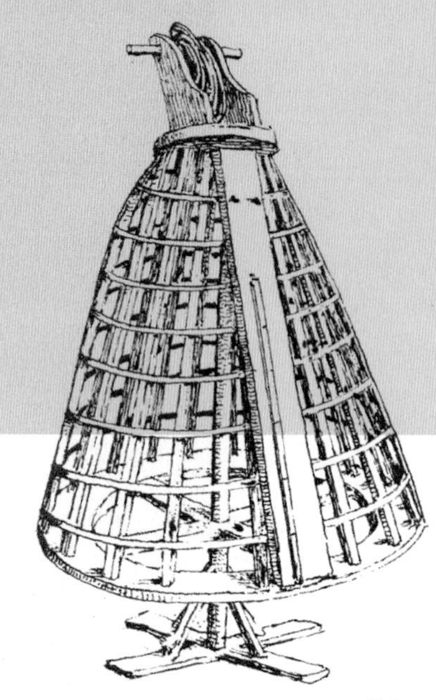

7-5

7-2

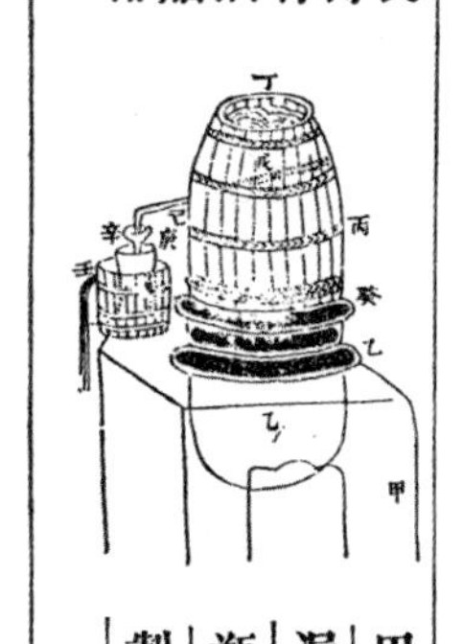

7-6

7-7

7-3

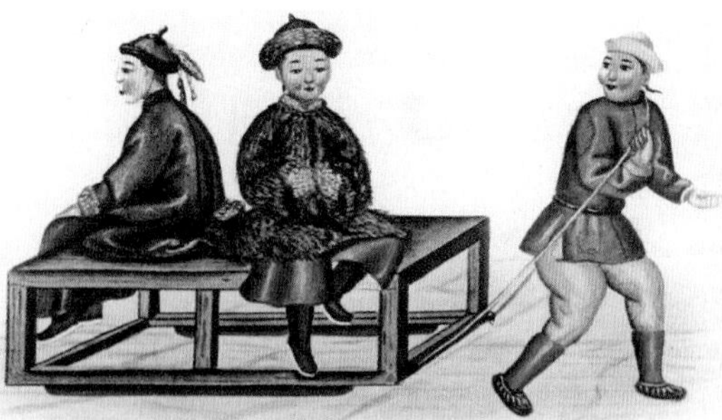

7-4

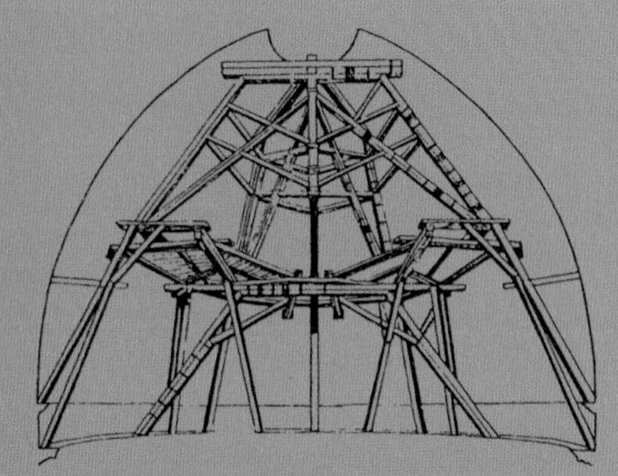

7-8

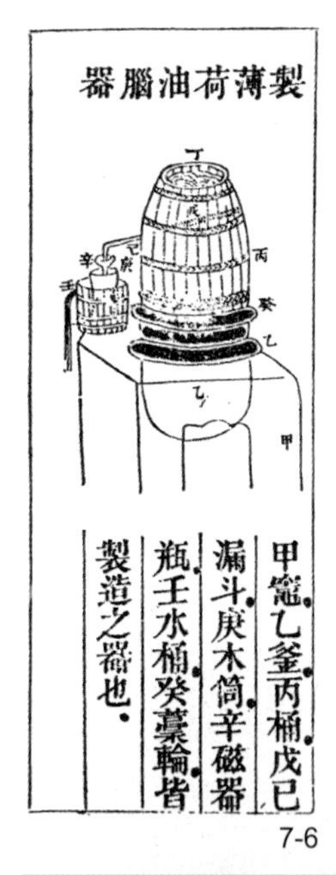

方木 Work 7

7-9

日本绳文和弥生时代的竖穴式建筑中使用的是弯曲的、分枝杈的阔叶树。开始使用针叶树这种笔直的木材时才有了垂直交叉的梁柱结构，后来发展到更加稳定的使用横撑的结构。虽然明治时期欧洲建筑结构中斜支柱和斜撑已经传入日本，但高精度的接头、接缝组合的梁柱结构依然延续了下来。日本称之为“木割术”“规矩术”。只要严格遵循这些方法，无论在什么地域，谁都可以搭建出比较美丽的构造。

由圆木加工制成的木材中，截面为正方形的木材称为方木。以柱子为代表的方木是日本建筑空间的主角。方木料常常用五寸角 (15cm × 15cm)、三寸角 (10.5cm × 10.5cm)、尺角这些尺寸的叫法来代指。当然，还可以订好材料后按照自己需要的大小来加工。如果要求榫卯严丝合缝就需要使用桧木、松木这种硬木，当然稍稍软一些的杉木也是可以的。

在工作坊中使用方木时，需要木匠的参与。大家可以观摩日本的传统技术，学习材料的性质以及日本传统技术“木割术”“规矩术”的原理，体验传统工具的使用方式。

工作坊使用的是一寸角 (3.03cm × 3.03cm) 的方木料。如果找不到正方形木料，可以把 2cm × 4cm 的两个材料合在一起使用，或者把几个材料扎捆使用。

7-10

联想宝库（Image Archives） 

7－1 由方木插接组合而成的清水寺舞台底部（摘自丸山的写生簿）
7－2 榫卯手法组合的六根木头插接
7－3 赞岐满浓池的浚渫装置（江户时期）
7－4 方木造的中国雪橇（18 世纪）
7－5 木质克里诺林裙撑
7－6 中国传统的蒸馏器（《农学纂要》）
7－7 使用纵向拉锯切割木材（《百科全书》）
7－8 石造建筑搭建穹顶时，用方木搭建好支撑结构再堆砌砖块
7－9 建造砖瓦拱顶时的支架（《百科全书》）
7－10 风力驱动的风车也使用方木搭建（《百科全书》）
7－11《诺亚方舟》（阿塔纳斯・珂雪）

7-11

01 方木大长凳

英国东伦敦大学校舍里，日英两国学生用方木共同制作的长凳。邀请木匠江户保先生进行指导，学习了几种日本传统的榫卯技术，用榫卯的方式组合长凳。

01-1

02 方木的天盖

为日本太鼓团体 TAO 在大分县久住高原上搭建的高低错落的舞台天盖。由 TAO 的成员和有形设计机构共同完成。方木就像被风吹拂的帐篷一样轻盈。

03 布列塔尼的茶室

参加法国河口双年展的作品《星光灿烂的公园》中的一部分，由日法学生和木匠村上幸成、左官久住有生一起制作完成。因为当地很难找到方木，这里使用的柱子是把两张栗木板材合起来做的。柱子之间加入横撑加固。墙壁是用竹片打底，再在上面涂抹泥巴。施工开始到结束大约花费了 3 周时间。

01-2

01

02-1

02-2

02-3

03-1

03-2

03-3

03-4

8-1

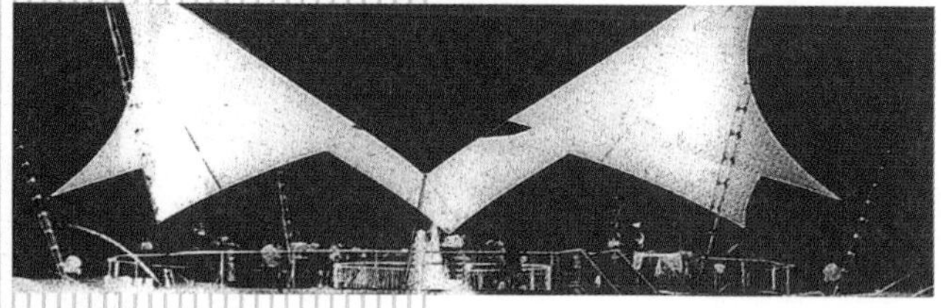

8-5

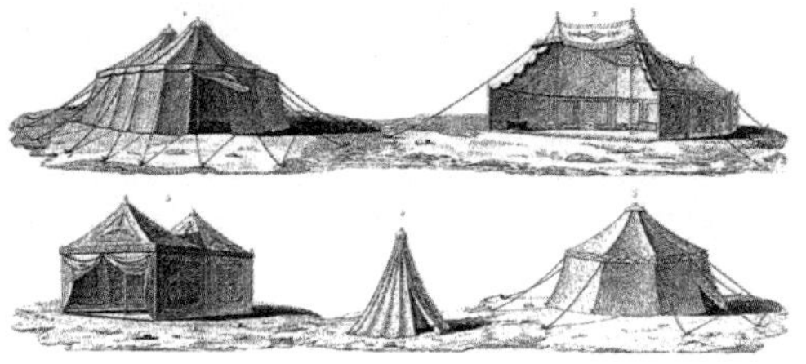

8-2

8-6

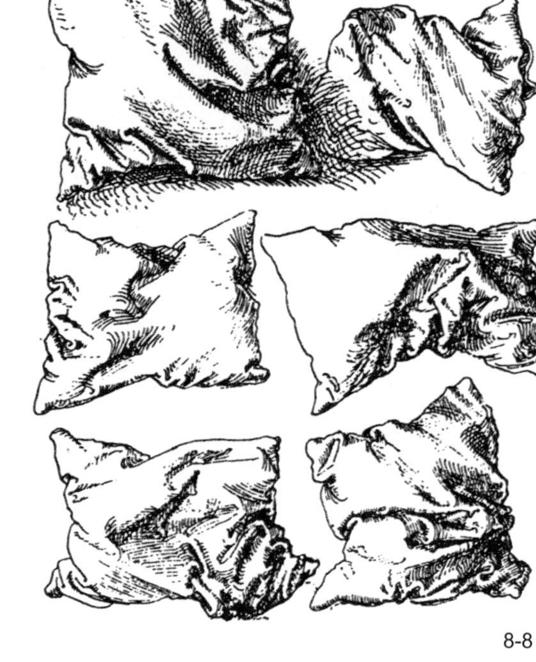

8-8

8-3

8-7

8-4

8-9

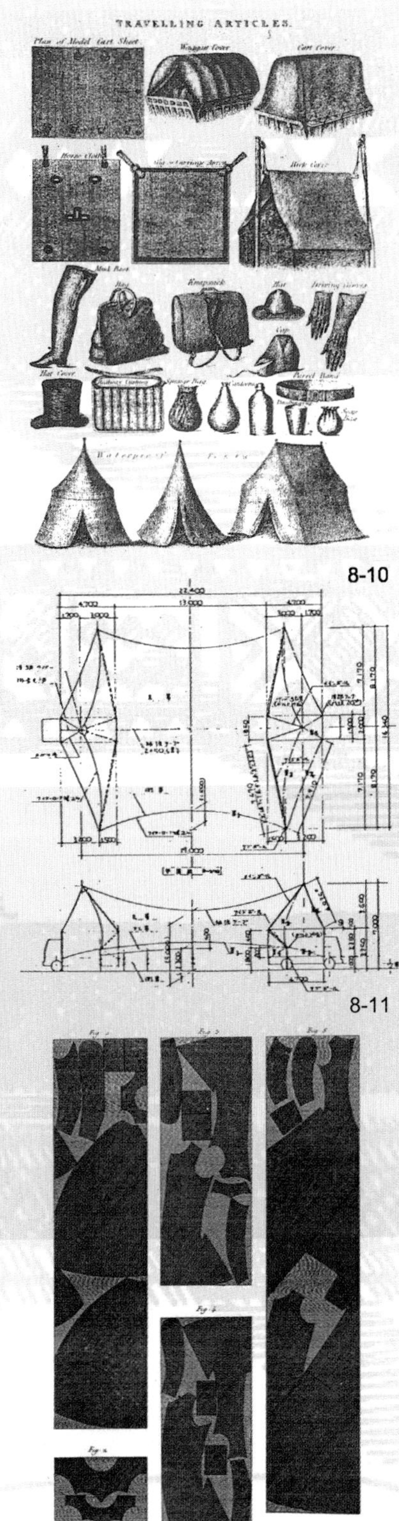

8-10

8-11

8-12

布 Work 8

布是最贴近身体并且保护身体的材料。婴儿出生时用白布包裹身体。同样，白布包裹着我们离开这个世界。众所周知，“丝绸之路”时期布（绢）连接了东方和西方，那么大航海时代在非洲、阿拉伯、印度、东南亚、南美看到的多种多样的民族服装一定强烈地刺激了航海者的好奇心。

建筑外装材料和包裹人体的布料有相同的功能。目前流行外断热的从支柱外侧黏贴隔热材料的施工法相当于给房子穿一件厚外套。隔绝外部气温靠机器调节室内温度的方式会给人的身体和心理造成怎样的影响？这是我们必须考虑的问题。热的时候脱一件衣服，冷了加一件衣服。建筑能够随着当地气候的变化而变化的一种穿脱自如的外装材料应该最为理想。

根据经线和纬线织布是一项古代就有的基本技术。根据线的种类、粗细、织法的不同，可以织出各种各样的布料。线的原材料分为植物、动物、石油化工、金属等各种材质。在工作坊中我们选用的是薄且有弹性的布料。这种布分为纵向伸缩的和纵向横向都可伸缩的两种。另外有像纱布一样透气、半透明的布料，还有不用线织的称作不织布的面料。

布是有弹性的材料。在工作坊中细细体会使用弹性材料搭建的空间所展现出的趣味性、舒适性，体会和一般直线空间的区别，觉察动手搭建时身体的感受。这些都是对造型感觉的良好培养。

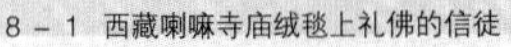

联想宝库（Image Archives）

8－1　西藏喇嘛寺庙绒毯上礼佛的信徒
8－2　伊斯兰文化圈使用的可以移动的帐篷（《埃及志》）
8－3　东欧的文艺复兴时期流行的贵妇人服饰画
8－4　被称为皮埃尔的一种用布把偶人弹起来的游戏
8－5　费雷・奥托的帐篷构造（1957）
8－6　日本冲绳县那霸市的公营市场
8－7　鞑靼人的帐篷
8－8　丢勒的看着像人脸的枕头(1493)
8－9　美国怀俄明州土著的金字塔帐篷
8－10　汤玛士・汉考克发明的橡胶面料制造的产品
8－11　剧团“黑色帐篷”的移动演出帐篷的展开图（美国）
8－12　制作服装用的纸样《百科全书》

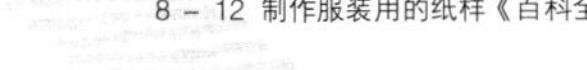

01 摇曳的屏幕

日本早稻田大学大久保校区的艺术节上，早稻田大学艺术学校学生为放映电影制作的屏幕。在布的三维曲面上投影出的影像看上去像海市蜃楼般飘浮于黑暗之中。

02 布屏风

地点和 01 相同。早稻田大学艺术学校学生们搭建的布屏风。将布撑起来形成双曲抛物面形态的构件，然后再把这些部件连接，用固定好的绳子牵引，像飘浮在宇宙之中的一顶风帆。

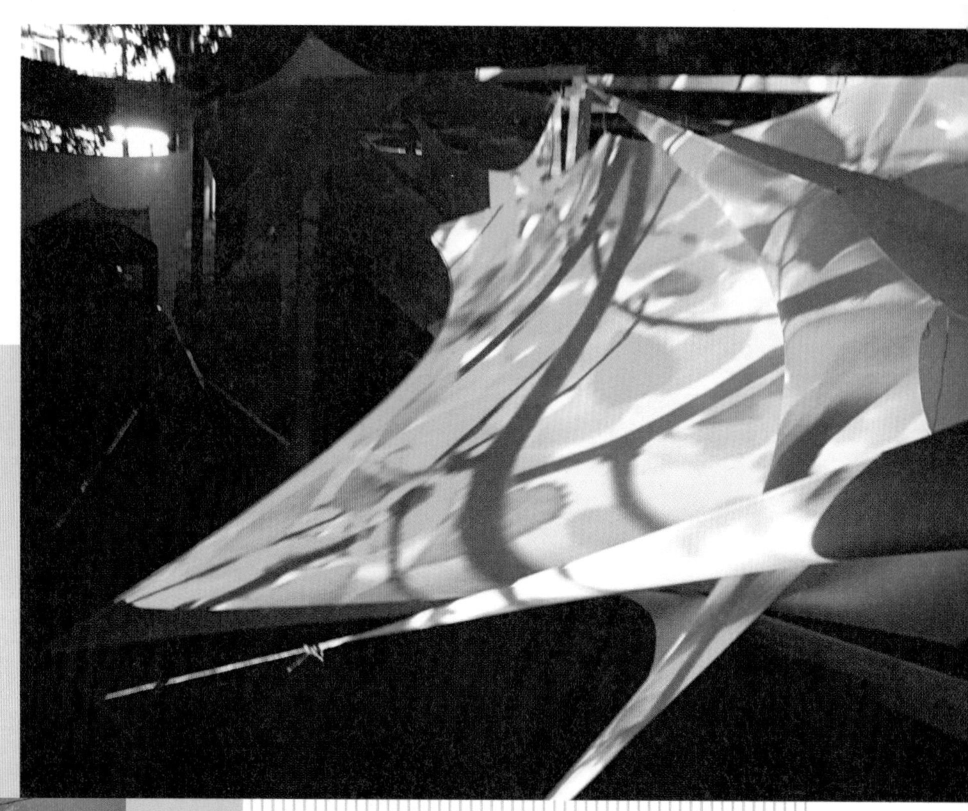

01-1

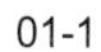

01-2

01-3

01-4

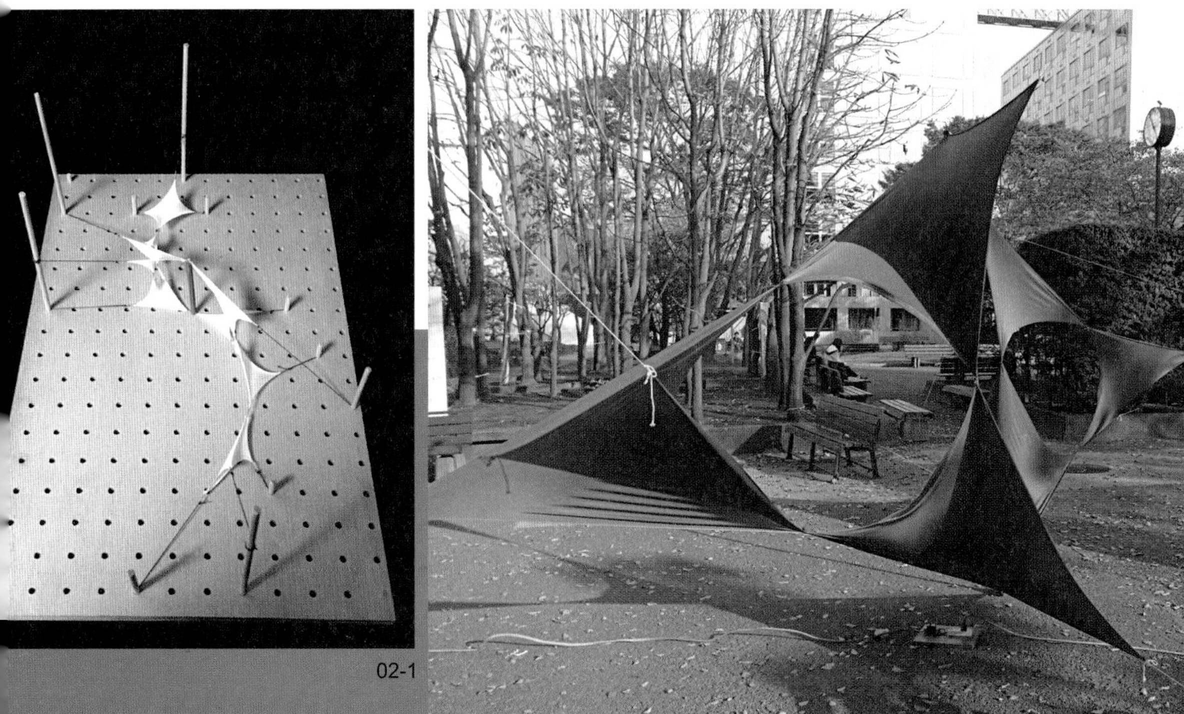

02-1

02-2

02-3

03 布迷宫

美国费城公园内由宾夕法尼亚大学研究院学生制作的布的世界。固定在地面的圆木之间挂上布形成一道墙。

04 布的风道

日本早稻田大学追分研究所，早稻田大学艺术学校学生们尝试表现风的作品。使用了可伸缩的面料，当风吹过时会形成一个通道。

05 布的魔法

在美国费城的森林中，由宾夕法尼亚大学研究院学生制作。使用布和木片搭建的一个人的遮蔽所。在这里可以和树木、花草、昆虫成为好朋友。

06 一个人的虫茧

在美国费城的森林中，宾夕法尼亚大学研究院学生用布制作的一个人的隐蔽所。构思来自防止苍蝇飞到食物上的罩子。木头上固定的绳结稍稍松开，罩子式窝棚渐渐缩小折叠在一起，成为被虫茧包裹的可携带的冥想空间。

03-1

04-1

04-2

05-1

06-1

07 竹子的集市

2014年晚秋，在日本东京世田谷区碑文谷的圆融寺门前，为两日的晴空市场搭建的通道。根据草图和模型计算出2m长竹子所需的数量，然后大家一起去千叶县采伐青竹、搬运，最后完成搭建。一夜之间给35个展位盖上了白色顶棚。竹子在这里起到压缩构造材料的作用。

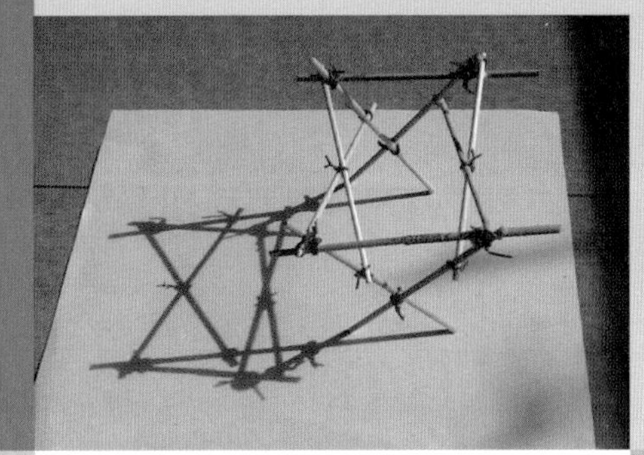

07-1

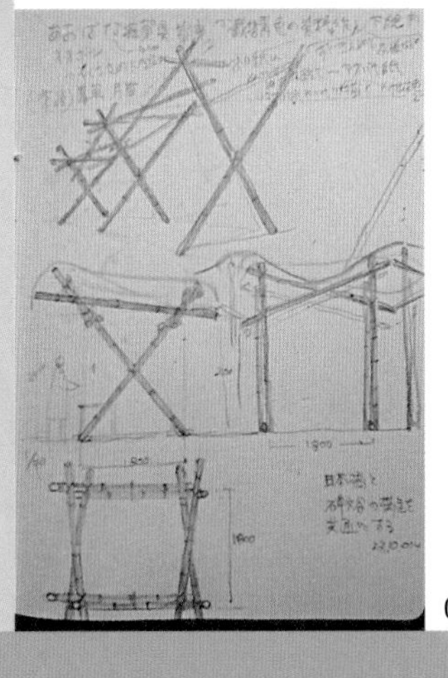

07-2

07-3

07-4

07-5

07-6

07-7

9-1

9-2

9-4

9-6

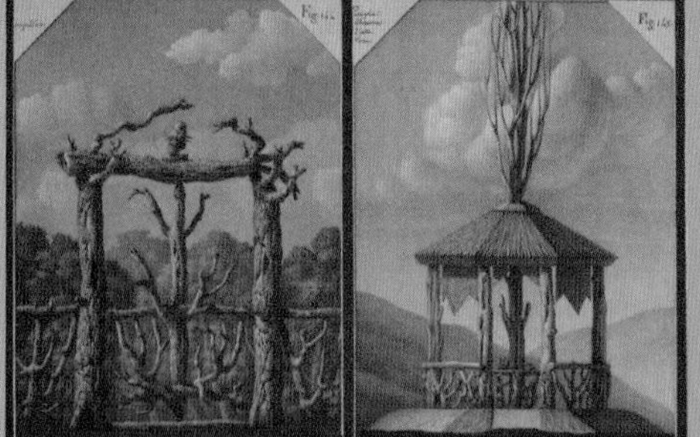
9-3

9-5

9-7

枝

Work 9

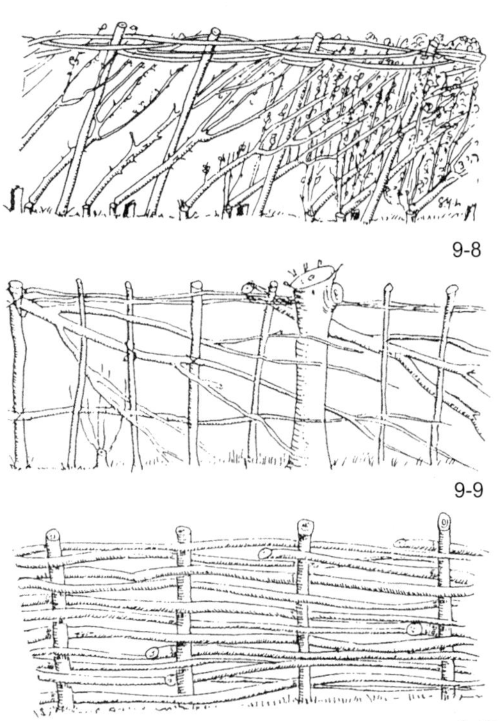

9-8

9-9

9-10

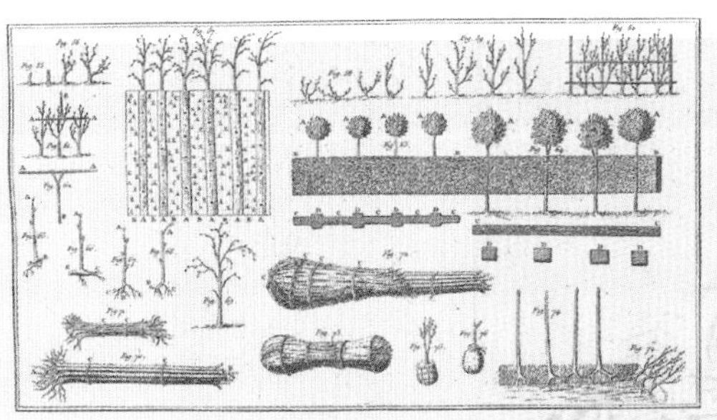

9-11

9-12

树木的枝杈看起来像从树干伸出的手，但不能用来工作或吃饭。然而为了长出繁盛的叶子、获得阳光而不断伸展的树枝形态却让人感受到精彩的设计感。但是人类为了让树干更加强壮以便获取粗壮的木材或者让木材更加笔直会砍掉枝杈。同样，种植葡萄时为了第二年能够收获丰硕的果实也必须对树木进行剪枝。

城市绿化也需要定期修剪行道树的枝干，目的是为了不妨碍车辆和行人。像这样人为剪掉的树枝是无法作为建材使用的，所以在工作坊中我们应该尽可能地活用。

收集树枝可以进山剪枝或拾废枝。进山能了解树木成长的知识，还能观摩林业人员的具体工作。

枝干是树的一部分，所以也有纤维，如果没有完全干燥就会弯曲变形，变成完全无法预想的样子。放置一段时间后再给树枝去皮会不太容易操作。工作坊当中，选择材料前要预想有可能发生的各种情况，造形时也要思考使用后续处理和再利用。

柳枝很软，可以通过编织增加强度。通常把粗一些的柳枝重叠在一起，或者合成一把使用。榛子树的树枝容易弯曲，可以用来制作穹顶和桥型等造型，而且可以拆卸后重复使用。用过的葡萄枝是上好的壁炉柴火。

枝和枝之间固定可以使用绳子、钢筋、塑料胶带等等很多材料。

联想宝库（Image Archives）——9

9－1 肯尼亚图尔卡纳湖畔，当地人用灌木建造的房子框架

9－2 南美原住民用树枝搭建的拱形小屋

9－3 让－雅克·勒克的《茅庐的大门》

9－4 索诺拉沙漠博物馆的野外展示（美国图森）

9－5 用柳树枝干搭建的哥特式圣坛

9－6 用树木建造的教堂 J. Hall（19 世纪）

9－7 辛克尔建造的墓碑（1834）

9－8 山楂树枝的篱笆

9－9 枝干相互缠绕的篱笆

9－10 树枝编织出的栅栏

9－11 《关于森林树木的对话》中的插图（1664）

9－12 马绍尔群岛的航海图

01 葡萄枝云

法国南特的文化设施 Le Lieu unique 举行的 Team Zoo 展，用葡萄枝布置的空间，日法学生共同协作完成的项目。把每年剪掉的葡萄藤枝收集在一起，用铁丝连接成云状悬挂在展示空间的半空中，构成树枝覆盖的空间。

02 枝云

临近法国东部森林的阿尔凯特瑟南斯皇家盐场内，由格勒诺布尔建筑学校和早稻田大学艺术学校学生以及有形设计机构共同完成的日法协同制作。从森林采伐做柴火用的树枝，把它们连接起来，搭建成一个类似防空洞的空间。在有些地方镶嵌三角形板材，构成阴影。

01-1

01-2

01-3

01-4

02-1

02-2

02-3

02-4

02-5

02-6

02-7

02-8

03 枝网

英国东伦敦大学校内，由在校学生和早稻田大学艺术学校学生共同完成。将榛子树柔软的树枝在地面交织成网状，用绳子固定后抬起来作出立体空间效果。

04 树枝华盖

奥地利维也纳的艺术画廊举办的 Atelier Mobile 展的入口处。细树枝组成格子，两头固定在柱子上，整个作品横跨在回廊之间，就像是云状的立体签名。

05 树枝靠背

法国西部肖蒙城堡的庭院艺术节上，由南特建筑学校和早稻田大学艺术学校的学生们连同有形设计机构共同制作的公园。细长的长椅的靠背是弯曲的树枝。映射在地面的光影非常美丽。

06 树枝的泡沫

法国南特的文化设施 Le Lieu unique 的消防楼梯上像气泡一样的布和树枝。日法学生合作完成。栗子树枝组成的拱形覆盖可伸缩的布料，显现出内在的张力。

03-2

04-1

04-2

03-1

04-3

05-1

06-1

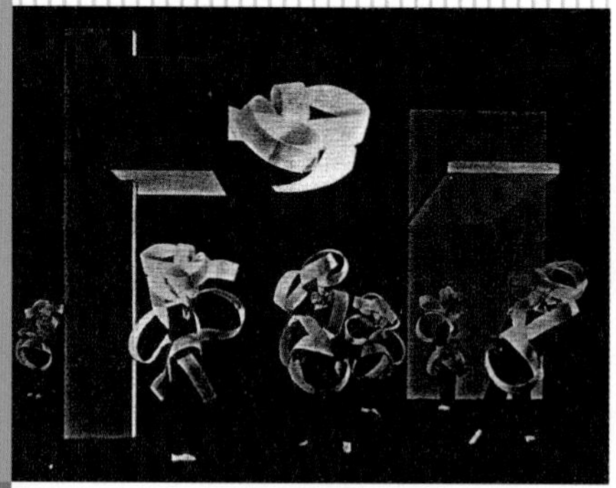

10-1

10-3

10-5

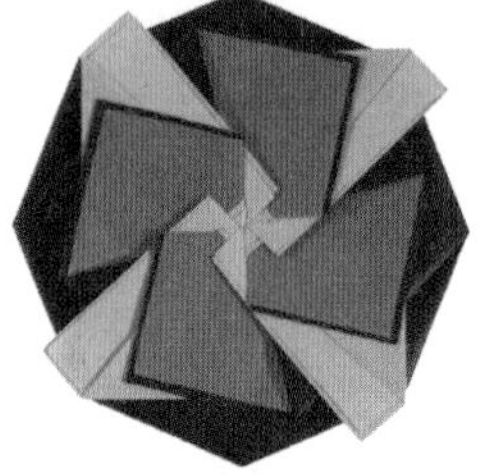

10-2

10-4

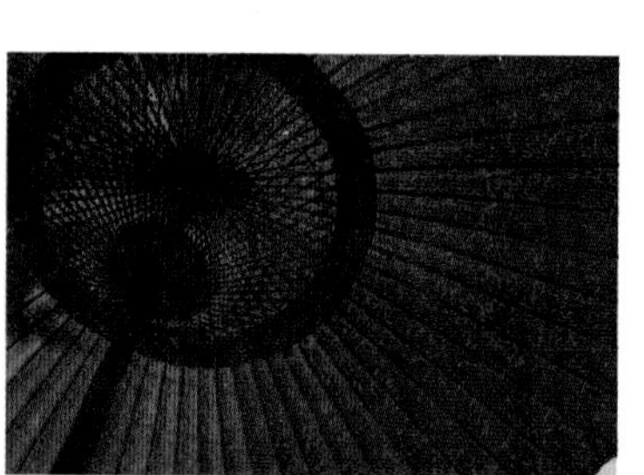

10-6

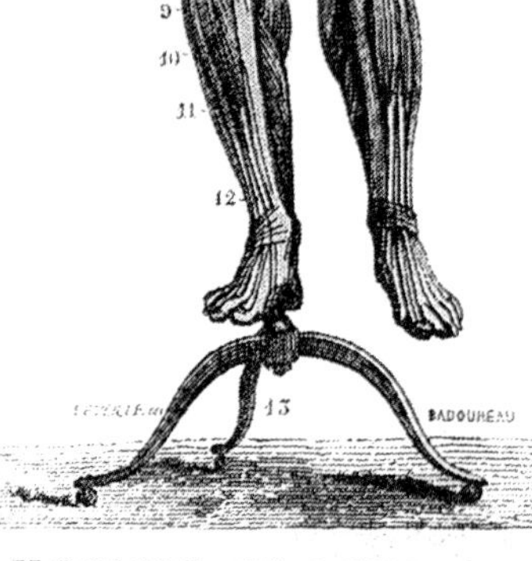

10-7

10-8

纸 Work 10

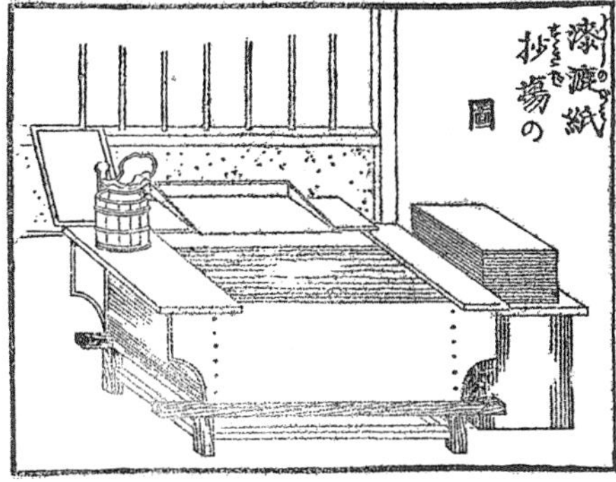

10-9

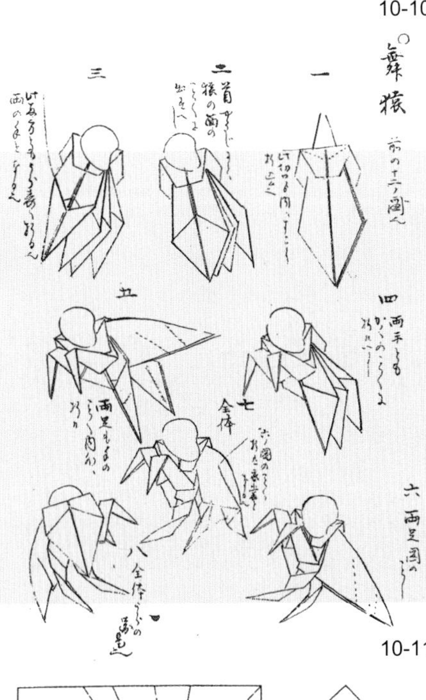

10-10

10-11

公元前150年，中国发明的纸在7世纪左右和佛典一起传入日本。经过不断地改良，日本人制造出精良的纸张。公元700年，造纸传入阿拉伯，在1200年传入欧洲。当时造纸技术是用来制作布教用的圣书的。

在中国、韩国、日本，纸不仅用来写字画画，还用来制作抵御光线、风、寒冷的屏风、拉门。欧洲人习惯在石头上涂抹泥土或灰浆，挂上壁毯或是一种称为金唐革的绘有卷草图案的羊皮。这些内装材料都是兼保温与装饰作用的。

1867年，巴黎万国博览会欧洲人看到展出的浮世绘，开始关注日本和纸。这种将葡蟠等植物纤维融化在水里反复进行漉纸的造纸技术在当时的欧洲是一项无法模仿的工艺。1873年的维也纳万国博览会后，一种使用葛的日本壁纸代替金唐革在欧洲得到普及，成为日本大量出口的产品之一。

今天，壁纸的材质多是纸和塑料各半的塑料布，因其出色的耐久性成为壁纸材料的主流。

在工作坊中我们使用方便入手的材料，如瓦楞纸、报纸、广告单页等。这些都是可回收的素材。纸虽然有易破、不喜水、易燃这些缺点，但是恰当地利用这些缺点就能创造出意想不到的造形。

联想宝库（Image Archives）⑩

10－1　将身体用纸包裹着跳舞，包豪斯尝试的“纸舞”
10－2　古典折纸，八角形的花形折纸
10－3　描绘造纸过程的绘画（中国，19世纪）
10－4　瓦楞纸玩具
10－5　古典折纸，四角形的花形折纸变化
10－6　竹骨架厚油纸户外伞（伞是4世纪中国发明的）
10－7　纸制人体解剖模型（Dr. Auzoux）
10－8　丸山的折页写生簿
10－9　制造花纹纸的过程（《百科全书》）
10－10 制作手工纸过滤用的工具——水槽，篑桁（《交易・农工全书》）
10－11　日本江户时期出版的折纸书（其中介绍的舞猴的折法）
10－12　装饰用折纸“花包”（祝贺和慰问的场合用来表达心意）

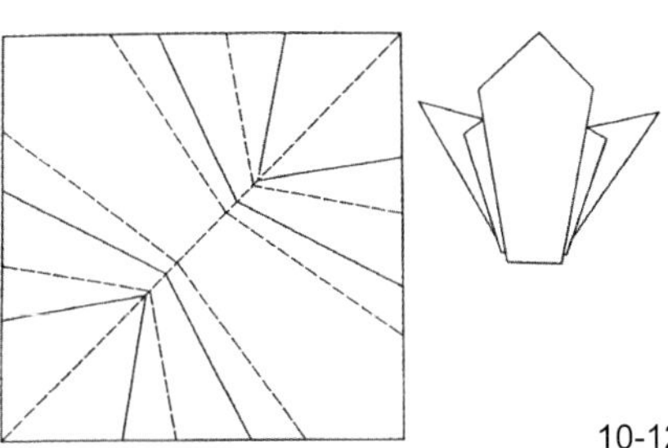

10-12

01 海浪屏幕

比利时布鲁塞尔的一家剧场举办的卢西恩·克罗尔、帕特里克·布夏恩、丸山欣也三人的展览会上，由早稻田大学艺术学校学生完成的展示制作。扭转着的细网上蒙上一层旧报纸和建筑作品照片。

02 宣传页的地层

早稻田大学大久保校区的艺术节上，早稻田大学艺术学校学生们用夹在报纸中的宣传页制作的作品。把宣传页浸泡在糨糊水里，然后垒起来固定。作为作品《扭曲的堤防》（见p127,02-2 扭曲的堤防）的尾巴部分。

03 和纸的冰山

地点和参加者同 02。青竹固定成三角形后搭成立体框架，再贴上和纸，做成冰山的样子。铺着榻榻米的内部空间被透过和纸的柔和光线包围。

04 纸的隧道

美国宾夕法尼亚大学校区内，由研究生们制作的竹子与和纸的空间。破开的细竹条编织成网状后弯曲，在上面贴一层和纸。在这个空间里欣赏从树叶空隙洒下的阳光。

01-1

01-2

02-1

02-2

02-3

03-1

04-1

03-2

04-2

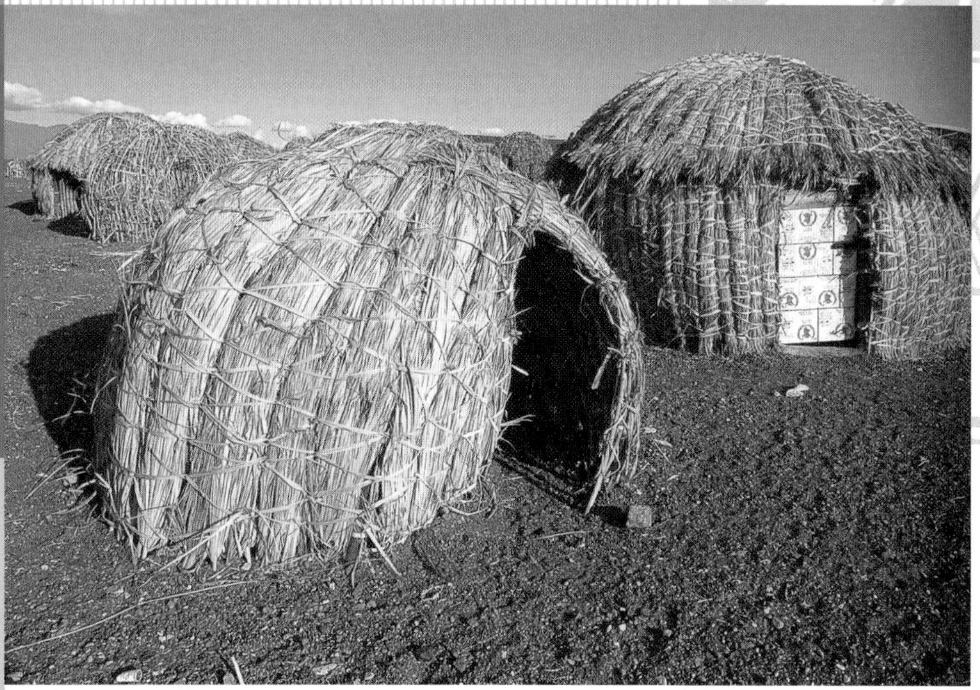

11-1

11-2

11-3

草 Work 11

草是我们身边最为常见的保护身体的材料。草的质地与树木相比更加柔软，并不适合做建筑材料。但是通过干燥、压缩、捆绑等加工程序就可以达到一定的强度。而且草纤维的韧性很强，对于泥土匠来说是不可缺少的黏结材料。芒草、稻草、麦秆、牧草在世界各地都被当作建筑材料使用。而水边的芦苇、茅草比芒草更耐湿、更保温，常常用来搭建屋顶。

在屋顶上种植草以适应当地气候的方法在北欧广为人知，近年来在德国的环保住宅中也有应用。屋脊上种植植物的芝栋建筑不仅在日本有，在法国西北部和德国西部也能看到。屋脊土层里种植球根，即使黏土干燥开裂，球根的细小根茎也会和土壤结合在一起，帮助球根内部保持部分水分。春夏季节里百合、菖蒲、鸢尾花、萱草等花草不断地装点着屋脊。

茅草屋顶、稻草屋顶、芦苇叶的屋顶以外，在光线强烈的地区，紫藤、牵牛花、葡萄等藤蔓植物还被用来遮阳。然而草终究会干枯，所以在使用前一定要考虑养护问题。

在工作坊中，像芦苇这样细长的材料在干燥后不是扎成束，而是编织后使用。藤蔓植物需要用其他材料做框架来支撑。留意在维护方面所下的功夫，并且在设计阶段就细心考虑如何安排维护工作。

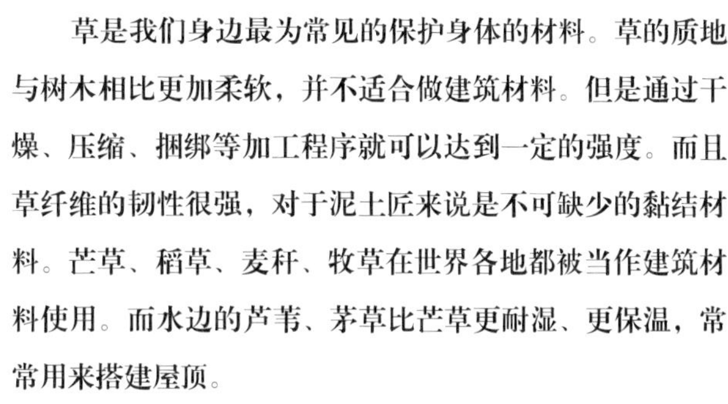

11-4

联想宝库（Image Archives）⑪

11－1 肯尼亚图尔卡纳湖畔，埃尔莫罗族的卷贝型（前）、钵形民居
11－2 坑式民居（三内丸山遗迹）
11－3 秘鲁的的喀喀湖上芦苇搭建的称为托托拉的浮岛和房子
11－4 吊巢雀巧妙应用树枝搭建的鸟巢
11－5 用喙编枝条筑巢的织布鸟（《东印度之旅》，Pierre Sonnerat，1776）
11－6 早期的埃及小舟

11-5

11-6

01 草的隐密小屋

美国图森市的一家幼儿园里，由亚利桑那大学和早稻田大学艺术学院的学生们共同完成。植物用铁丝网拉起来构成一个供孩子们躲藏的空间。这是一个很单纯的构想。

02 椰子的读书室

印度尼西亚苏拉威西岛望加锡大学学生和日本学生、有形设计机构共同完成的地方图书馆的半户外读书室搭建。框架、地面用竹子，屋顶用椰子树叶一层层铺盖。

03 芦苇的堡垒

法国卢瓦尔河河口双年展作品《星光灿烂的公园》中的一部分，日法学生和 Team Zoo 共同制作。为了遮盖高 9m 的脚手架管子将芦苇绑成捆用铺茅草屋顶的方法垒起来。登上台阶可以看到卢瓦尔河。芦苇堡垒又叫织女之塔，正对牵牛星之塔。

01-1

02-1

03-1

03-3

03-2

03-4

12-1

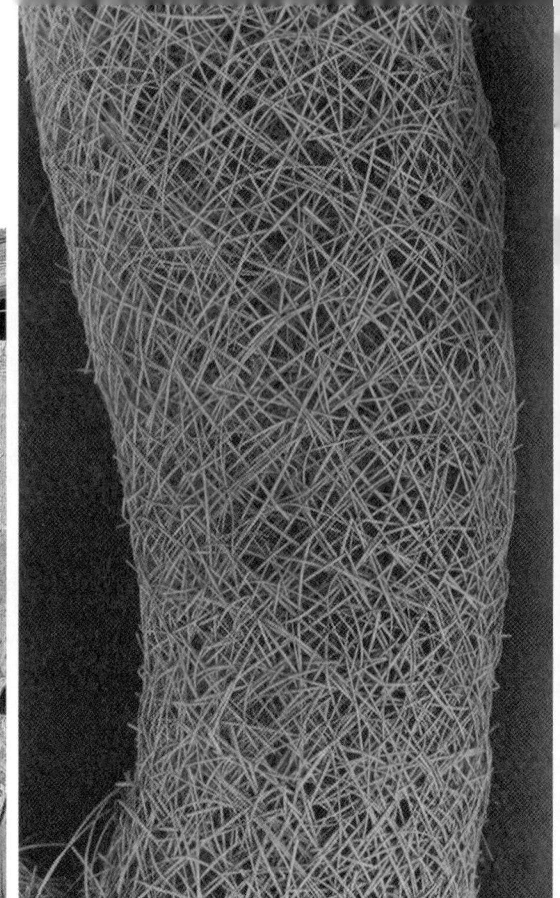

12-3

12-2

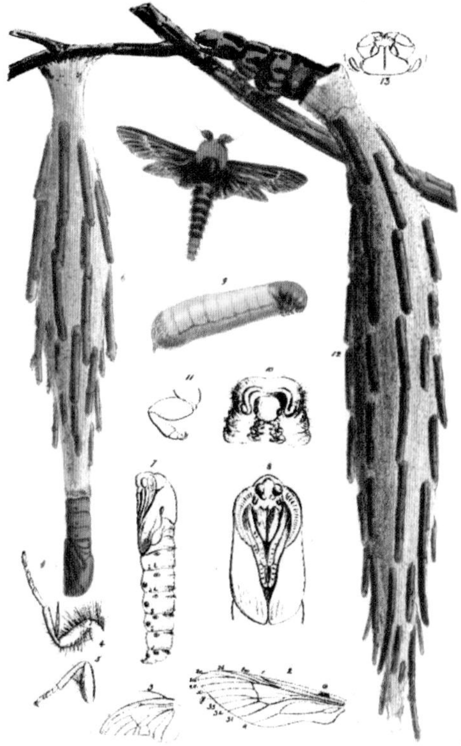

12-4

木条 Work 12

厚度 6~12mm，宽度 2~3cm 的平直木料称为板条。今天切割木材的工具是长久以来铁匠根据木匠的要求一步步改进而成的。板条出现年代并不确切，但从工匠们视板条为制作土墙、石膏基底必要材料这点来看应该很早就开始用又薄又直的木条了。

日本明治时代建造的拟洋式建筑中开始用欧美作为抹灰墙面基底材料的板条，替代了竹条。今天我们主要使用金属网和石膏板，几乎用不到板条了。

和细竹子、竹片一样，木条薄且易弯曲便于造型，在工作坊中能创造出富于变化的空间。过度弯曲容易断裂，通过扎捆或排列成“井”字、格子形状的方式可增加强度。

试着搭建一个由“柔软”变“坚固”的空间，如同贝壳的形成。弯曲产生的反作用力有着不断复原的力量。在这个力量的作用下空间既安定又处于即将崩毁的边缘。在这个空间中用身体感受不安定却又均衡的极限的美感，体验曲面内外之间的关系。

目前在建材商店里没有木条的现货，只能订购。可以使用螺丝、螺母、铁丝、细绳、钢筋绳、塑料绳等材料固定。

12-5

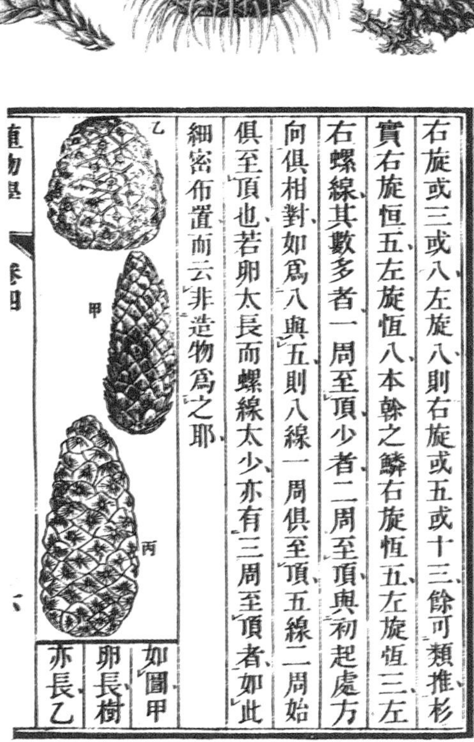

右旋或三或八左旋八則右旋或五或十三餘可類推杉實右旋恒五左旋恒八本幹之鱗右旋恒五左旋恒三左右螺線其數多者一周至頂少者二周至頂與初起處方向俱相對如爲八與五則八線一周俱至頂五線二周始俱至頂也若卵太長而螺線太少亦有三周至頂者如此細密布置而云非造物爲之耶

如圖甲卵長樹亦長乙

12-6

联想宝库（Image Archives）⓬

12－1　厨房墙壁用干燥的龙舌兰叶遮挡（墨西哥）
12－2　细木片搭建的市场街道凉棚（阿尔及利亚盖尔达耶）
12－3　细树枝精巧编织成的织布鸟鸟巢
12－4　结草虫的蓑衣
12－5　针叶树的各式松塔
12－6　《植物学》（［日］李善蓝）
12－7　像马塞克花纹的松塔

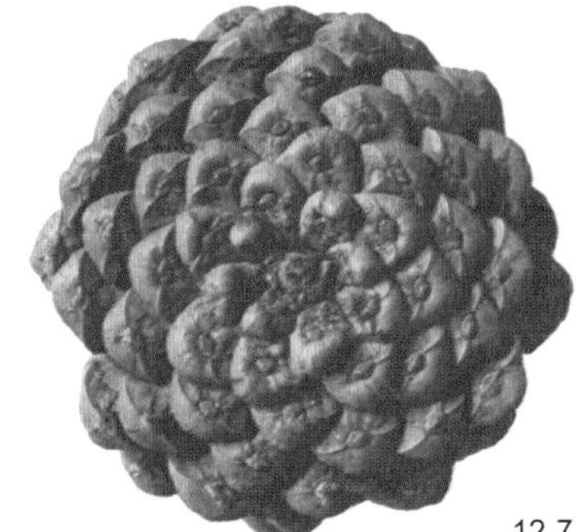

12-7

01 虫笼

早稻田大学追分校区内，艺术学校学生完成的木条搭建活动。用木条和胶合板编成格子状，边弯曲边让它立起来，构成一个虫笼样子的空间。

02 龙筒

法国卢瓦尔河河口双年展的参展作品《星光灿烂的公园》中，由日法学生和有形设计机构共同建造的儿童乐园。通过弯曲、交叉木条组成隧道状的形态，走进这个空间就像进入龙身体内部。这条蜿蜒的巨龙的两旁用土垒筑使外形更加稳定。

01-3

01-4

01-1

01-2

01-5

02-1

02-2

02-3

03 木条伞

地点和参加者与02相同。在版筑墙包围的空间中用木条搭建防雨防晒凉棚，木条上覆盖一层透明板。木条格子的影子投射在地面和墙壁上。

04 鸟的走廊

地点和参加者与03相同。用榉木的圆木材进行组合，上面覆盖木条和2cm×4cm的木龙骨作为屋顶，制作出穿过鸟身体内部的通道。映射在碎石子地面的影子也很漂亮。

05 林中的竹笼华盖

巴黎的法国建筑学会（IFA）举办的Atelier Mobile展。用编竹筐的方法编织木条悬挂在树林当中，为庭院中栖息的小生命做一顶华盖。

06 干燥的海龟

早稻田大学大久保校舍艺术节上由早稻田大学艺术学校学生完成的空间制作。在校舍的空地上用木条编织出四角落地中间拱起的造型，再绷上帆布，一个剧场空间诞生了。

03-3

03-1

03-2

04-1

04-2

05-1

05-2

06-1

06-2

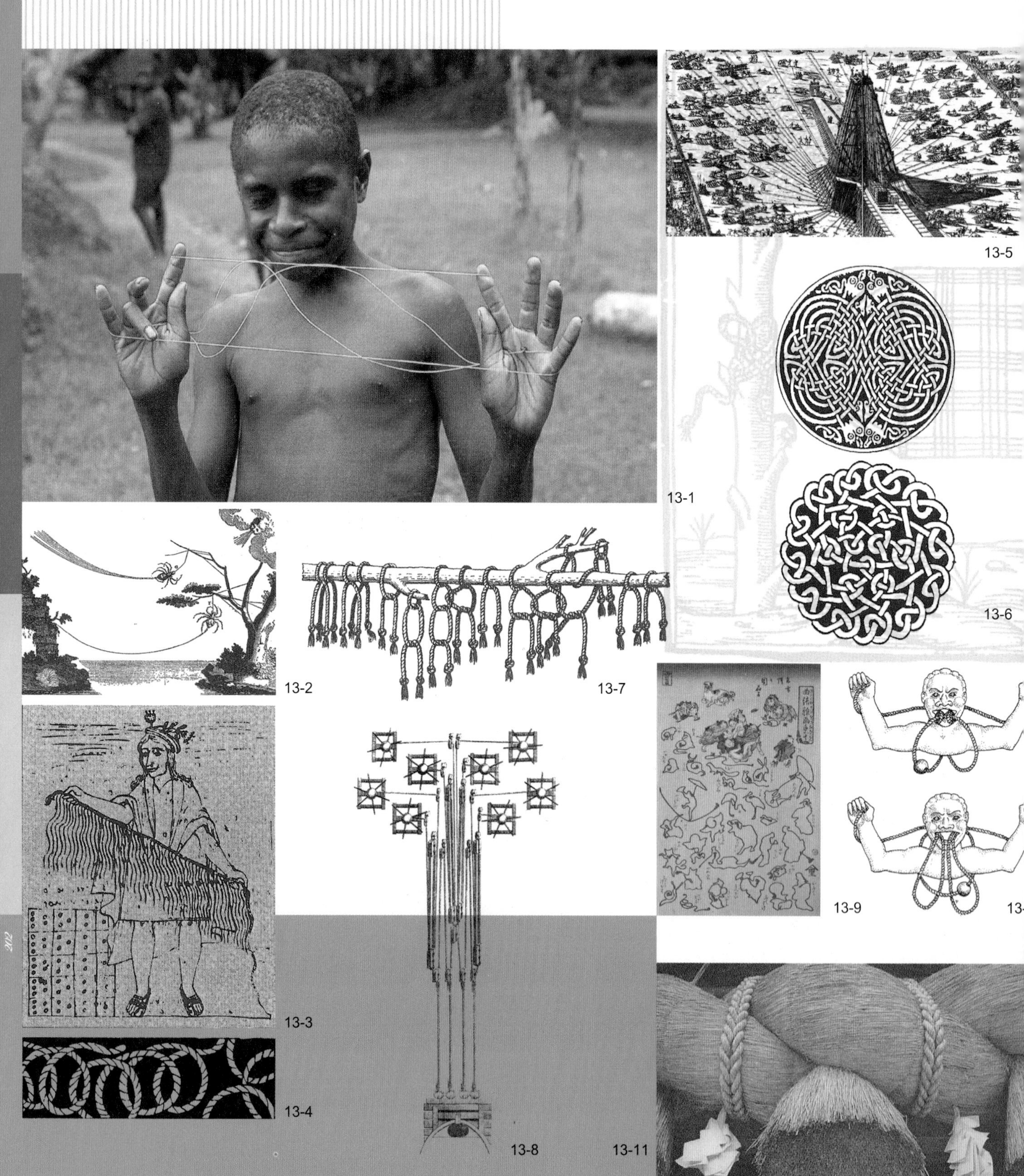

13-1 13-2 13-3 13-4 13-5 13-6 13-7 13-8 13-9 13-11

绳子 Work 13

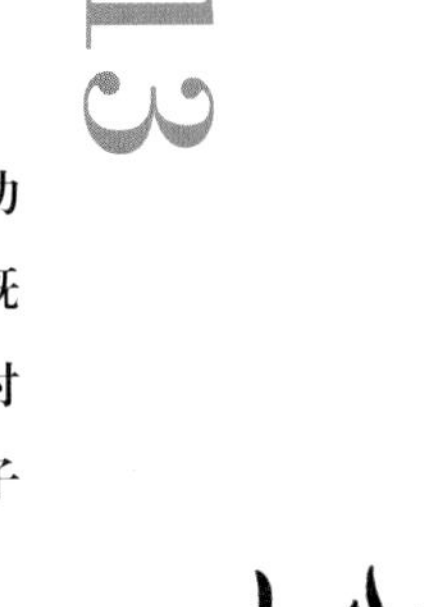

13-12

13-13

13-14

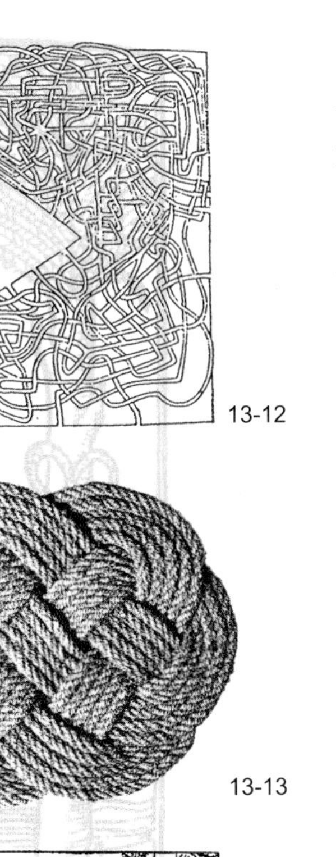

在人类历史中，绳子既是神圣的象征，也是用于日常生活和保护自己的工具。绳子的发明在人类生产生活中一定是一件非常重大的事件。

绳子有粗有细，最粗的直径近1m。船上用的绳子长达几公里。绳子的材质分植物、动物毛、化学纤维、不锈钢，以及混合碳纤维等。使用化学纤维的绳子有各种类型，不可伸缩的、容易伸缩的、可复原的、不容易打结的。

建筑行业里，绳子做捆绑材料或用于加固连接部分。近年来，扎紧带和夹扣渐渐取代了绳子，但是除去固定功能在利用它的韧性制作柔韧构造方面仍然延续着。绳子既便宜又好用，能制作出清晰明确的构造，因此在搭建临时建筑以及工作坊的空间制作方面需要我们更多地探索绳子的活用方法。

以聚乙烯、聚丙烯为原料的超薄合成纤维胶带纵向韧性很强，不用穿插编织就可以直接使用。另外在分割空间上也很方便，可以用来确定轮廓、体积。因为使用方便易清理，在工作坊中可以用它来显示空间的大小、测量长度规模等。不过，我们要想办法让它在使用后不要成为垃圾。

现在的草绳比较细，捻的股数少，最好把两三根绳子编织起来增加强度。绳子可以在五金商店或生活用品商店购买。

13-15

13-16

联想宝库（Image Archives）13

13-1　新几内亚的巴布亚塞皮克河流域村落里正在玩翻绳的少年
13-2　蜘蛛结网（源自《蜘蛛的绢丝效用论》）
13-3　印第安人用来计算羊数量的绳结
13-4　日本传统纹样“捯绳”
13-5　用绳子拉着方尖碑移动的罗马人（1000）
13-6　一根绳子构成的凯尔特纹样
13-7　美国原住民的绳文字
13-8　打捞船只的装置（1710-1740）
13-9　一根线条构成的人物和动物（《曲结稚画手本》，[日]河锅晓斋）
13-10　绳子和珠子的智力玩具
13-11　出云大社拜殿的大注连绳
13-12　路易斯·卡罗尔的迷宫图
13-13　祈祷出海打鱼平安的“爱之结”
13-14　拔河（《诸国年中行事》）
13-15　爱斯基摩人在冰上拔河
13-16　象征宇宙多样性和单一性的“达芬奇之结”

01 绳的张力

早稻田大学追分研讨所的白桦林中，迈阿密大学研究生们和早稻田大学艺术学院学生共同进行的空间制作。观察树木的位置，画出绳子捆绑方式的草图后开始实际操作。用超薄合成纤维胶带在树木与树木之间缠绕，分割空间。

02 绳子吊床

场地和参加者与 01 相同。用超薄合成纤维胶带做出可以承受一个人重量的吊床。将张力构造的体感带入设计中。也可以用在 01 制作的作品中。

01-1

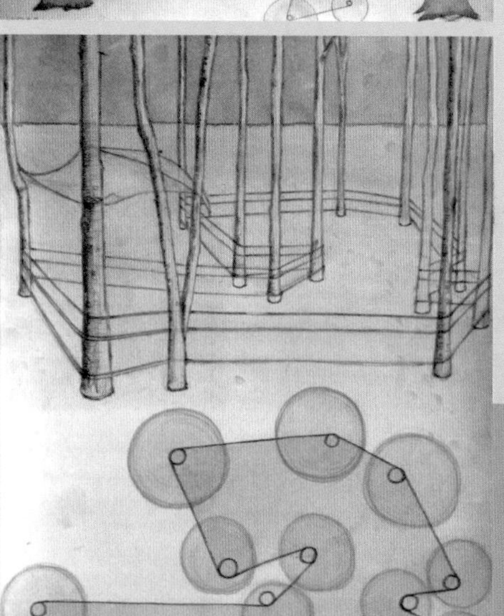

01-2

01-

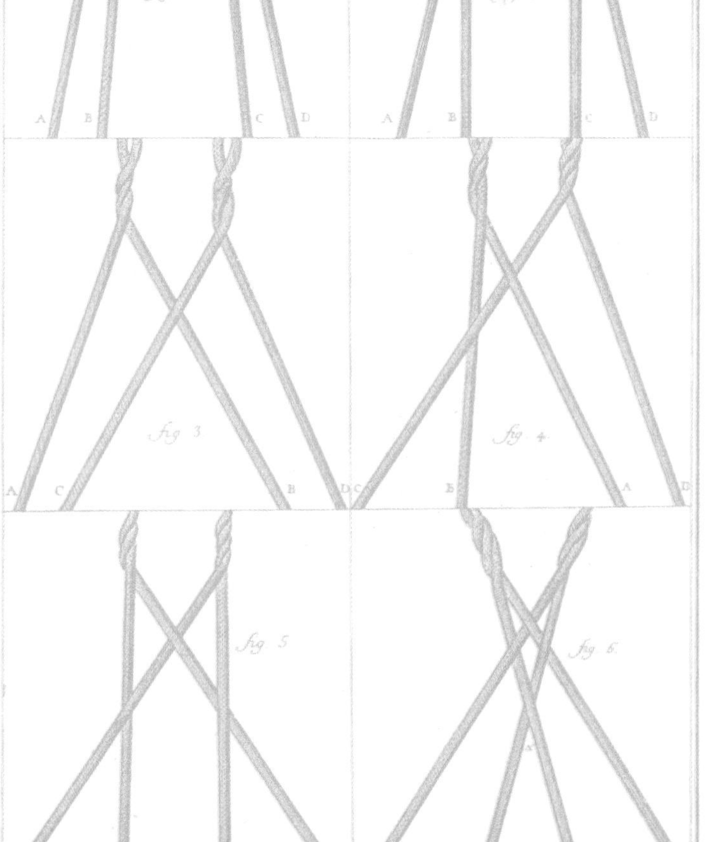

02-1

02-2

02-3

02-4

02-5

14-3

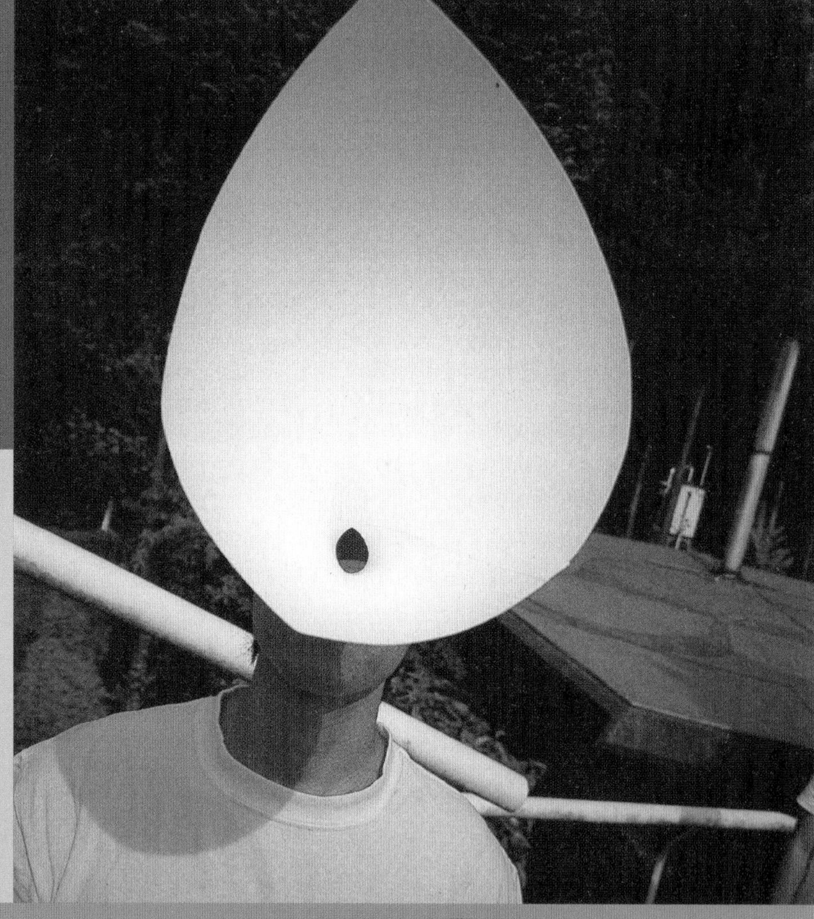

14-1

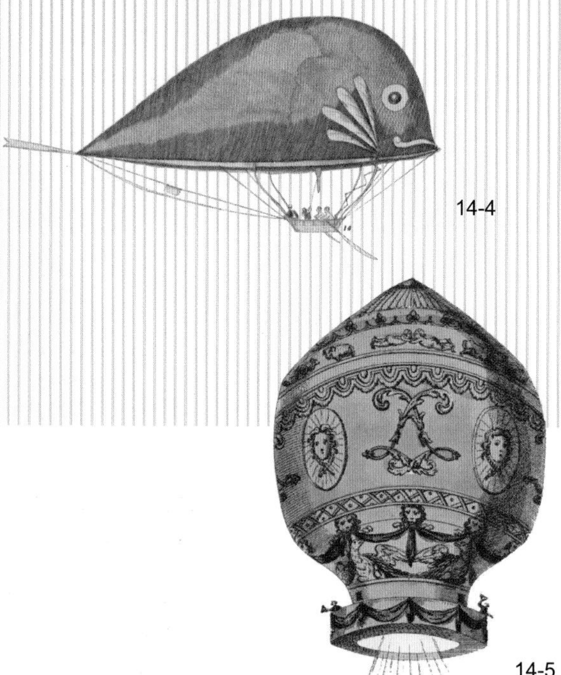

14-4

14-5

14-2

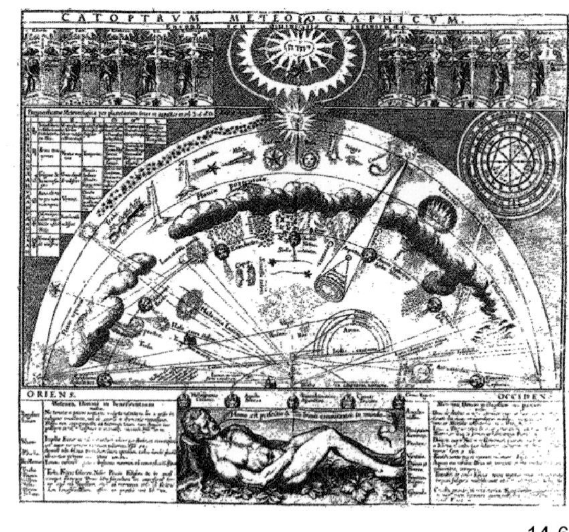

14-6

空气 Work 14

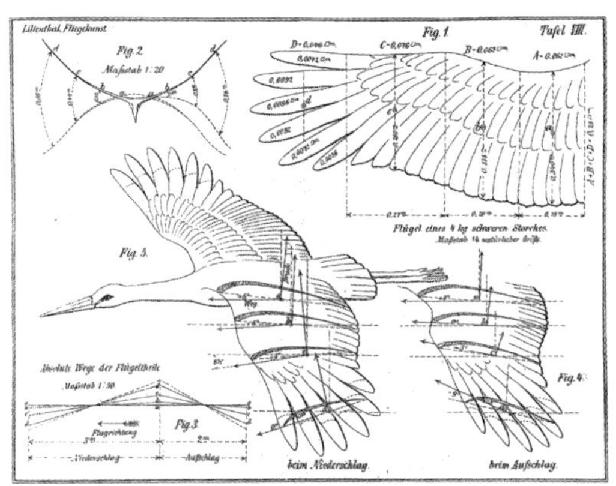
14-7

14-8

14-9

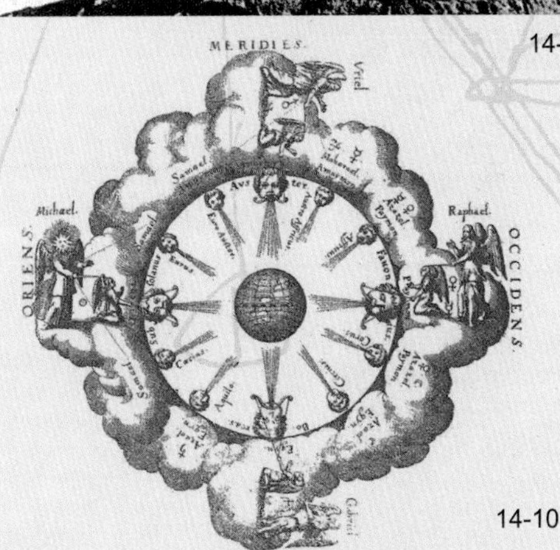

14-10

从事创作的人都对发现日常无法看到或是隐藏着的事物抱着浓厚的兴趣，因为我们看不见的地方恰恰是事物的本质所在。日常生活中我们无意识地进行着呼吸，很少对地球上无处不在的空气的价值及作用做深刻的思考。如果留心调查空气的作用，你会吃惊地发现空气在我们的生活中起到了如此巨大的作用。例如轮胎、轻气球、风筝、帆船、橡皮船、游泳圈、气垫鞋等等，相信你还可以不断地想到很多类似的东西。在建筑的免震构造中也使用气垫做缓冲材料。

新干线或法国 TGV 高速列车使用的气垫弹簧，还有降落伞、汽车气囊等都是利用空气做缓冲材料有效地减缓冲击。其中的大多数是像风神背的口袋那样将空气密封起来，里面的空气成为压缩材。还有一种充气的膨胀口袋是把空气作为防止破裂的耐拉伸材料。

工作坊首先要做的是到户外体会风的感觉。用五感捕捉风的方向、强度、味道、声音等。试着在空中展开纱布或薄尼龙布，抓住空气的流动和微风。吹气球也是一种捕捉空气的简单方式。用气球里的空气可以自由地改变气球的形状。即使眼睛看不到却能传递温暖、冰冷、舒适等感觉，那是空气变幻成风的形态向我们问候。

联想宝库（Image Archives）⑭

14-1　在纸上开一个口，感受风的感觉（丸山工作坊）
14-2　伊卡洛斯和代达罗斯《希腊神话》
14-3　矿山的换气装置（阿塔纳斯・珂雪）
14-4　瑞士兵器制作者设计的鱼形飞船（1815）
14-5　物理学家查理（ Jacques Alexandre Charles ）设计的世界上第一个氢气球（1783 年第一次试飞）
14-6　《宇宙气象学》英国宇宙学家 Robert Fludd（1626）
14-7　奥托・李林塔尔的“鸟羽构造的张力研究”
14-8　茨城县足尾山上空飞翔的滑翔伞（借助风力飞行的尝试可以追溯到中国公元前 4 世纪）
14-9　奥托・李林塔尔设计的“拍打翅膀飞行器”
14-10 4 位天使和 12 种风《宇宙气象学》

01 风的衣

芝加哥市的密歇根大学的森林里，在校研究生们尝试用布捕捉空气的作品。将纱布打湿悬挂在树木之间，捕捉吹到布上的风。

02 风水母

在早稻田大学追分研究所，艺术学校学生用布进行的尝试。用绳子固定布，让它从地面悬浮起来。仔细体验鼓满着风并且随风飘动的布创造出的变幻自在的空间。

03 风的跷跷板

美国宾夕法尼亚大学校舍内研究生们进行的尝试。用树枝或木条制作框架，利用风的力量让布前后摇摆的避风处。完成后用素描作品的形式进行发表。

01-1

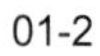

01-2

02-1

02-2

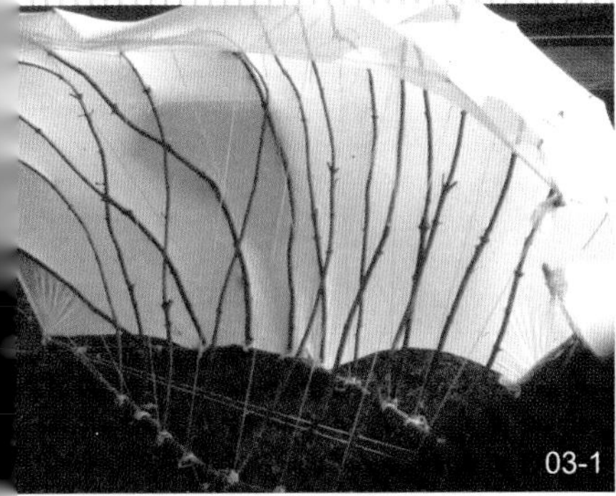
03-1

03-2

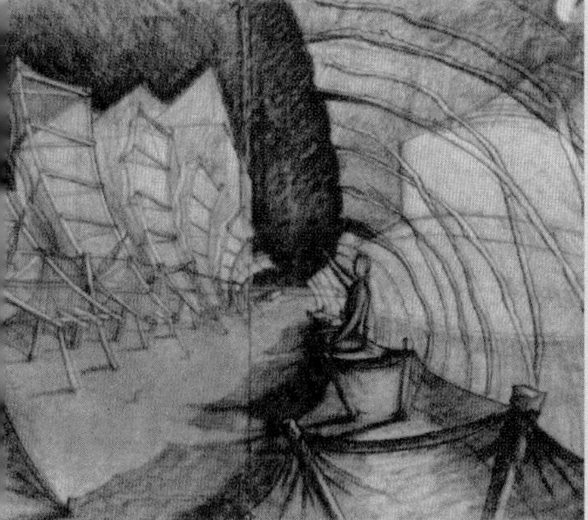
03-3

03-4

03-5

04 风的宝座

美国宾夕法尼亚大学校舍内研究生们制作完成。制作一把折椅，靠背是被风吹得鼓起的布。将椅子移动到可以吹到风的位置，坐在兜着风的椅子上，从头开始感受风的存在。

05 风的树荫

美国图森市的一所幼儿园的庭院里，由亚利桑那大学和早稻田大学艺术学院学生共同完成。在院子里张起三角形的透光布，用绳子绑定做出三角形的树荫来。

06 风和影的捉迷藏

美国费城郊外的森林里，宾夕法尼亚大学的研究生进行的尝试。用绳子将布、纸悬挂或让塑料袋飘浮起来，捕捉吹动的风和光线构成的阴影。

04-2

04-1

04-3

05-1

05-2

06-1

06-2

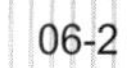

15-1

15-2

15-3

15-4

15-5

废材 Work 15

地球上的万物随着时间的流逝崩毁腐朽，转化成另一种形式发挥自身的作用。但是人类生产出的石油化学制品以及放射性物质等至今仍然难以实现再循环利用，一个环节发生错误就有可能危害人体健康。

使用木、土、纸这样的自然材料按照既定的步骤建造的日本民居在重建时依然可以利用原有的材料。但是因为分工和流通耗费大量的人力物力，远远没有做废材处理来的方便，约40年前开始，这些建材仅被作为垃圾进行处理。近年来兴起了循环利用物资的风潮，只要再利用循环系统得到完善，一定能够实现建材的再利用。

今天家庭和工厂所产生的垃圾量已经到了空前的地步。伴随人口的增加和经济的成长，大量生产、大量消费导致产品过剩，远距离运输产生的废材也在年年增加。但是废材特有的使用痕迹让它拥有一种新材料所没有的特殊魅力。

有些人着迷于利用废材建造房子。法国南部邮递员沙瓦用送邮件时捡到的石头建造的房子，洛杉矶的瓦特塔使用管子和瓷砖建造的圆锥形塔，这都是广为人知的例子。还有人用空玻璃瓶、空罐、塑料瓶等建房子。

木材加工厂里切断的木头截，建筑工地挖出的废土、废石，杂木林中采伐的树枝，穿过的旧T恤，废报纸，塑料瓶，纸箱子等等。应用这些可以随处入手的材料来创造空间也是工作坊的妙趣。

15-6

15-7

15-8

联想宝库（Image Archives）⑮

15-1　肯尼亚桑布鲁国立保护区牛牧民桑布鲁族的房子（原本涂抹牛粪）
15-2　用废材做的咖啡店看板
15-3　沙瓦用拾来的石头、瓷砖、贝壳等堆积成的宫殿北侧
15-4　在美国科罗拉多州用废材搭建的拱形建筑群
15-5　千岁船桥的“冒险游戏场”
15-6　河狸用木屑和泥土建的家
15-7　西蒙罗迪阿的华兹塔的全景和局部（用15吨的碎片搭建而成）
15-8　洛杉矶的瓦特塔（在管道上缠绕铁丝，在沙浆里埋进破烂的玻璃碎片）

01 唐吉诃德的堡垒

法国卢瓦尔河河口双年展作品《星光灿烂的公园》中的一部分，由日法学生和有形设计机构共同搭建完成。用非洲产的废材包围 9m 高的脚手架搭建而成的城堡。别名“牵牛星之塔”。

02 时间的影子追踪

法国西部肖蒙城堡的庭院艺术节上，由南特建筑学校和早稻田大学艺术学校的学生们连同有形设计机构共同制作。栅栏用废旧防风木。透过栏栅缝隙之间的光和影在地面清晰地展现出时间的推移。

03 时间堆积的石壁

场地和参加者与 02 相同。向废弃材料的铁丝扎成的网里投入各种石头块的方法搭建出墙壁和烧烤灶台。欣赏不同时代和不同地点使用过的石头度过一段悠闲时光。

04 废物天象仪

日本栃木县那须高原上早稻田大学艺术学院学生制作完成的网格球顶式“野生房”。在装满废土的袋子上面用 PVC 管搭建球顶，张贴塑料布。

01-2

01-1

02-1

03-1

03-2

03-3

04-1

05 天空之桥

法国卢瓦尔河河口双年展作品《星光灿烂的公园》中的一部分，由日法学生和有形设计机构共同完成的搭建。在其他施工现场收集的6mm 钢筋废材，几根捆绑在一起制作成三角形断面的拱形。将运输用木箱解体后的板材张贴在三角形的各面上，作为入口的拱门。

05-1

05-4
05-5

05-7

05-6

05-8

第四幕

对话：用手思考·用身体创造

向下一代传递什么？

discussion

内藤广与丸山欣也

内藤广先生是我早稻田大学的学弟，不仅如此，我们还有很多相似之处。我们都师从吉阪隆正①先生，现在一边做建筑设计一边在大学教书。我们在做建筑的时候都很注重身体感觉，设想做出人们能够寄托希望的建筑等等。在学期末最忙碌的阶段，我拿着编辑了七成左右的这本书来到了东京大学主校区的内藤研究室。内藤同我一样从事建筑设计工作，他在土木（civil engineering）工学里掀起新浪潮并进行设计教学，而我是一直教授基础设计（basic design）。虽然如此，在对谈之中我却一直感到我们是朝着同一方向迈进的。

丸山欣也

Kinya MARUYAMA

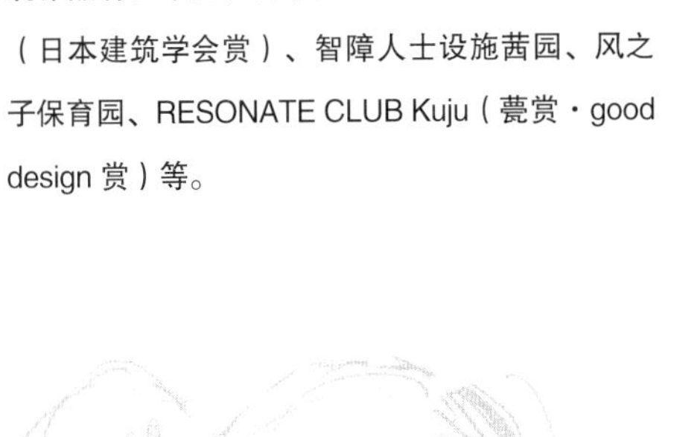

1939 年出生于东京。1964 年早稻田大学理工学部建筑学课研究生毕业。1964-1967 年，在瑞士建筑事务所工作。1968 年设立设计事务所 Atelier Mobile。NPO 法人有形设计机构运营委员长。1969-2009 年早稻田大学客座讲师、早稻田大学艺术学校客座教授。近年来，在法国、乌干达、摩洛哥等地积极举办工作坊。主要的建筑作品有：今归仁村中央公民馆、名护市市政厅（日本建筑学会赏）、智障人士设施茜园、风之子保育园、RESONATE CLUB Kuju（甍赏 · good design 赏）等。

内藤广

Hiroshi NAITO

1950 年出生于横滨。1974 年早稻田大学理工学部建筑学课毕业。1976 年同学院研究生毕业。1976-1978 年在费尔南多 · 伊盖拉斯（Fernando Higueras）建筑设计事务所工作。1979-1981 年在菊竹清训建筑设计事务所工作。1981 年设立内藤广建筑设计事务所。2001 年开始在东京大学大学院工学系研究科社会基磐学担任助教授，2003 年开始作为教授执教至今。主要著作：《素形建筑》（INAX 出版）、《面对建筑的开始》、《建筑思考的未来》、《构造设计讲义》、《建筑的力量》（王国社出版）、《建筑筑土 1》、《建筑筑土 2》（鹿岛出版会）、《内藤广内部设计之细节》（彰国社）等。建筑作品：海洋博物馆展馆、安云野知弘美术馆、牧野富太郎纪念馆、岛根艺术文化中心、日向市车站、虎屋京都店、高知车站等。

用身体进行创造

丸山 我在早稻田大学和艺术学校教授了十几年基础设计，最初因铃木恂[2]先生的启发才开始这个课程的。基础设计是指在教学当中融入用手、用身体进行创造的方式。学生们一边用身体记忆基础的造型感觉，一边积累用身体进行创作的经验。我发现学生在整个课程中反应很好，也看到了这种教学的效果。铃木先生在开始担任艺术学校校长时也希望使用这种教学方式。我原本以为这都是从吉阪隆正先生那里传承而来的，实际也不尽然。在吉阪先生的时代，周围已经有人在尝试个人搭建的建筑了。

内藤 当时就有叫作"野生房"的自力建设，做半圆形屋顶建筑。

丸山 是啊，恂先生当时还提出让学生进行自主企划。另外我在宾夕法尼亚大学进行教学以来感受到，90 年代开始用电脑进行建筑设计以来不会用手绘画的学生增加了，这让他们有自卑感。在我的工作室，设计制图时不使用电脑而是参照草图动手做出实际的模型，然后把它画出来就会有令人满意的结果。还有巴黎艺术学院设计学院 (Ecole des Beaux-Arts)[3]那种将平面立体表现的方法，借用电脑很快就能完成的工作，如果通过手工制作会让学生增添自信。特别是美国的研究生学院，经历过社会学、心理学等其他学科的学习后进入建筑专业的学生比较多。我觉得这才是真正的研究生学院。这些学生曾经进入社会工作并且具备了一定的工作能力，但无论如何还是想做建筑。这和早稻田的艺术大学有相似之处。虽然有社会经验，但是手却跟不上。这一点在做建筑时其实是一个很大的问题。我想日本也出现了相同的问题。内藤先生在东大的土木工学教授设计时是怎样实施使用手或身体进行创作的教育呢?

内藤 现在已经不说土木了，改称社会基磐。东大的学生非常特殊。在入学考试时比别人付出多一倍的努力好不容易进了东大，然而想要进入理想的学科又必须抓紧学习基础课程。因为几乎所有的学生都想继续进入研究生院，所以大家根本没有时间享受大学生活。我们这里都是这样的年轻人。所以说说到教学，其实是帮助他们从暗无天日的学习中解脱出来。这比教他们做外形更加重要，是通过设计来进行一种心理护理。建筑学科以专题研究讨论为主干，各种课程都是围绕它进行的。拿土木来说，流体力学和构造力学等课程都必须认真学习。土木包罗万象，必须具备工学的素养，所以必修课程很多。但是这样发展下去肯定不好，所以从 2004 年起我们课程设置尽量以演习为主。拿河川为例，从怎样改善实际的河川环境这种具体问题开始学习。在进行桥或环境设计时顺便教授构造力学方面的知识。虽说土木的教育已经有了很大的改变，但是像我们这样教授土木的学校全国也仅此而已。

丸山 嘴上说具有社会基磐的使命，实际上却是以书本上的学习为多啊。

内藤 我一直认为土木真正决定着社会的基础动向，包括中央政府、自治体、企业顾问在内。明治时期以来，大都是没有接受过设计教育的政府官员们在做城市规划、制定法律。尤其是战后。二战前的社会精英们必须具备很高的教养，有不少以文学、艺术为精神食粮的官员。而战后则是能学习的人才能进入精英行列。

丸山 土木是在明治时期从德国传入日本的。

内藤 河川方面是向荷兰学的。治水方面雇用了一个名叫 Johannis de Rijke[4]的外国人来，把日本的河流弄成一边倒。全然是对自然进行人为管理的欧洲思维方式。法律、技术都是这样建构起来的，也可以说日本人做事有些太过认真了。1997 年河川法得到修正，我们终于认识到自然和生态系统也非常重要。新泻大学河川工学专业的大熊孝[5]先生写了这本《技术也有自治》，非常好的书。河川技术在不同的地域有不同的治理方式，都是有个性的。原本江户时代不就是这样管理河川的吗？书中介绍自明治时期起政府剥夺了地方自治河川的权利。大熊先生就是这样正面斥责行政管理错误的人。

用身体和直觉学习力学

内藤 我在东大和中井祐副教授一起时，设定能够长期使用下去的教学大纲。在专题研究讨论这部分有一半都是他的想法。我们让学生制作隅田川的藏前桥、永代桥这样的大型模型（1/20），当然每年都会更换桥的样式。幸好东大保存着震灾复兴桥梁⑤的图纸，我们把复印件发给学生让他们制作模型。桥梁图采用的是英寸，学生需要先把数据改成米，然后从图纸上读取各个部分。制作过程大约要 2 个月。因为有数千个组成部分，所以我们让大家分组进行制作。

丸山 用什么材料进行制作呢？

内藤 制图纸等等。学校不负担材料费，由个人承担。要是学校支付的话大家就会浪费（笑）。我们已经做了很多次震灾复兴桥梁，稍稍有些厌烦了。所以，几年前让大家做了一次锦带桥。但是没有图纸，我们正在想该让大家怎么做的时候，就有人说“老师我去看看”。从东京租车，不经预约直接跑到岩国的工匠那儿去打听，最终完成了锦带桥模型。通过做模型，学生们从实际中学习到了一定的力学知识，而不是枯燥的理论。进行完这个课程，接下来用制图纸做跨度 80cm 长的桥。完成后自己添加重量，让他们实验自己做的桥究竟能够承受多大的重量。开始这个课题到现在已经 9 年过去了，让人吃惊的是基本上没有出现过相同的方案。大家考虑的都不同。

丸山 制图纸的桥是个人完成的课题吗？

内藤 是让学生独立完成的。在放重物之前大家先预测桥会怎么坏掉。为什么这样做呢？是想让大家思考应力。这个课题结束之后，接下来是做一个座面高度 45cm、靠 3 个点支撑的椅子。虽然到最后一半都坏了，但真的是很有趣的课题。学生们怕坐上去摔个屁股墩，都是小心翼翼地一点点坐上去的。所以就有了发表当天女生不能穿裙子这条不成文的规矩，除此之外没有任何限制（笑）。

丸山 材料就是制图纸吗？

内藤 因为没有资金，基本上都用 KT 板，当然也可以使用轻木。

丸山 应力果然是通过身体学习的呀。

演示透明水彩的使用方法

用石膏再现枝杈的空间

① 吉阪隆正（1917-1980）

在日内瓦度过童年时期。1941 年早稻田大学理工学部建筑学科毕业。1959-1980 年同大学教授。1950-1952 年柯布西耶工作室工作。1954 年创立吉阪研究室（1964 年改称 U 研究室）。设计作品有威尼斯双年展日本馆、Athenee Francais 校舍、大学研究室等。可参照《吉阪隆正集（全 17 卷）》（劲草书房）、《DISCONT 不连续统一体》（丸善）、《吉阪隆正的迷宫》（TOTO 出版）等。

② 铃木恂（1935-）

出生于北海道。1959-1962 年在早稻田大学大学院吉阪研究所学习，其间参加 Leopoldville 文化中心比赛，参与日法会馆的设计。1964 年成立设计事务所。1980-2006 年在早稻田大学担任教授，2004 为止一直担任艺术学校校长。主要著作：《墨西哥写生》（丸善）、《回廊》（中央公论美术出版）、《天幕》（AMSedit.）等。

③ Ecole des Beaux-Arts

1819 年，在巴黎创立的法国国立美术学校。学校有建筑、绘画、雕刻等专业，培养出很多有名的艺术家。这里的建筑教育是以古典主义作品为理想，追求应用阴影和色彩让画面更富立体感或描绘漂亮的绘图。1968 年因学生运动而解体，之后成为文化厅下属的建筑学校。

④ Johannis de Rijke（1842-1913）

荷兰土木技师。1873 年受日本内务省土木局邀请赴日，到 1903 年离开日本的 30 年间里，为治理河川泛滥进行放水路和分流等工程，防止山地砂化等治山工程，并且担任港湾的建设规划等建立体系和技术指导的工作。

● 体验型授课获得的更多

内藤　学生们一边做这样的课题，一边接受构造力学课程的学习。这样做的目的是让大脑和身体一起思考。不过，成果显现出来要在20年以后了吧。有过这种体验的学生进入社会开始工作，有一天会想起这些经历就可以了。比如有那么一刻，一方是政府官员，一方是设计师，那他们就可以达成共识。以前，和国土交通省的高层们聊我们的这些课程，他们感叹为什么自己在学生时代没有这种学习。所以将来了解这些的官员一定会增多的。

丸山　内藤先生那里聚集的是20年后的人才啊！我们想要的效果是不可能立刻呈现的。当然我们也着急得牙痒痒，可是也没有办法啊。

内藤　没有即效的。我在吉阪老师那里学到的东西直到我40岁的时候才发挥作用。我认为教育是时间滞后的。我感觉教授的东西越是重要，滞后的时间越长。

丸山　我在桑泽设计研究所教了五六年的构造。针对刚刚高中毕业连应力、力矩都不知道的学生，我构思了让学生用直觉去感受"力的流动"的学习内容。当时我在琢磨怎么给学习室内装饰、家具和服饰设计的学生教课，曾经让他们制作模型然后再破坏，学生们的反应并不理想。我想做保护自己的身体远离疼痛、危险的设计，应该是工业设计或室内设计都会涉及的问题，所以让大家改做纸的头盔。这次课题真是很有意思。大家非常努力地完成。没有从构造计算开始，而是从一张平面图展开，最终制作出具备摔倒时的保护性能同时还兼顾防御太阳光线、废气、风等功能的头盔。那时，我感到依靠直觉判断承重也是可能的。评价作品时我也慢慢改变标注，只要有闪光点就是好作品。对于暧昧的难以说明的部分也给予认可，因为用身体进行创作在日后一定能发挥它的作用。

内藤　安藤（忠雄）以前在东大研究室的时候，有一次对我说："我带学生们去上野的儿童图书馆改建现场参观，内藤也陪我一起去吧！"我就跟着一起去了。在施工现场看到玻璃放在胶合板上，安藤说："这些孩子都没有打碎过玻璃！"我们小时候玩儿棒球，不是常不小心把邻居家的窗户玻璃打碎吗？但是，现在的学生都没有打碎过玻璃。他让学生轮流用50cm左右的方木棒去打碎胶合板上的玻璃。因为方木相对比较软，所以不容易打碎玻璃。于是便说试试换锤子敲怎么样？结果学生居然用同等的力量抡起了锤子啊。当然强大的冲击力让玻璃碎了，其实只要轻轻地敲一下也就碎了。安藤的这节课教学生了解玻璃这种材料到底是什么样儿的，我觉得这节课真是不错。

丸山　这本书的第三章工作坊，正是让大家直接接触材料、工具。特别对于材料的加工过程、工具的使用方法学生们是不知道的。大家没有保护自己远离危险的经验。这大概是因为小时候没有摆弄工具的机会吧。

内藤　可惜我们还没有走到您所做的那个程度。涉及授课时间、危险性等问题。

丸山　好像哪所大学都不可能在正式课堂时间融入这种内容啊。所以在早稻田也只是周六的选修课。试着上课才知道学生们真的是没有用过这些工具，也不了解材料。对于建筑，工具是非常重要的呀。我在大学期间并没有学会把工具当作手的延长、安全地使用工具，但是从今井兼次[⑦]先生的工作中认识到了手艺活儿的重要性，从工匠朋友那里学会了安全地使用工具。在工作坊中我使用天然素材，如果用树木就需要了解种植、园林、里山的知识，并且扩展到可持续发展的领域。

内藤　这不是学生的问题，而是大人的责任。比如在小学上课时不小心切了手指，家长就会跑到学校质问老师。这就是现在的社会。我们那时候中学生就让用电力刨床，一个年级里总会有一两个人不小心切断手指。说起来很荒唐，我们还会说些什么把指头黏回去就能长回来的话（笑）。要是换到现在老师会被立刻辞退的。在工作坊中让学生体验一下儿童时代没能经历的事情是非常好的。不过在野外作业，就会有学生受伤时该怎么办的问题啊。

丸山　这在任何国家都是一样的。就算最大限度注意也会有防患不了的事情发生。所以我通常说如果发生问题我来承担责任。幸运的是到现在为止还没有发生一起事故。我一直认为比起这个，学生的收获要重要得多。在法国做工作坊时也有人担心这个，法律问题、责任问题等等。其实这是社会整体的体系以及教育孩子方面的问题吧。

内藤　大学是社会的缩写，有很多死板的问题，但是不能就这样退缩。如果过分担心就不可能认真地完成教学。你的工作坊非常棒！我觉得这才是真正的教育（笑）。

丸山　如何才能在课堂当中更多地使用身体，去接触事物的本质呢?

内藤　过了 18 岁就是成人了，首先家长不要再进行干涉。学生不学会为自己负责，体验性教学就很难进行。比如不把脚放到河里就无法感受河水的流动，所以河川专业的老师会把学生带到水位升高的河边去。我认为教育是与身体感受到的恐惧相伴的。阪神大地震过了 6 天，我也去了神户。不在灾区的街道走一走是无法感受地震的威力的。看了丸山先生的工作坊，我能感受到学生们以实际体验的状态参与活动。有时候我觉得设计能力是否出色并不重要。突然想问问您，这么多工作坊的点子是从何而来的?

丸山　是从一些没能付诸实际的建筑设计，另外现场发挥的也很多。有时候准备得非常充分却没有做成。有时候在现场和工匠们聊天，一下子打开了自己不了解的世界。所以，做起来很有趣。即兴的判断、直觉是非常重要的。

内藤　学生一定会有改变，哪方面改变最大?

丸山　和大家一起协同作业的过程带来很大的变化，甚至持续到毕业之后。内容浓缩的工作坊仅仅只有一周，大家吃一锅饭，用一个池子洗澡。每一次我都能感受到学生之间产生的超

搭建赈灾复兴桥 1:20 的模型

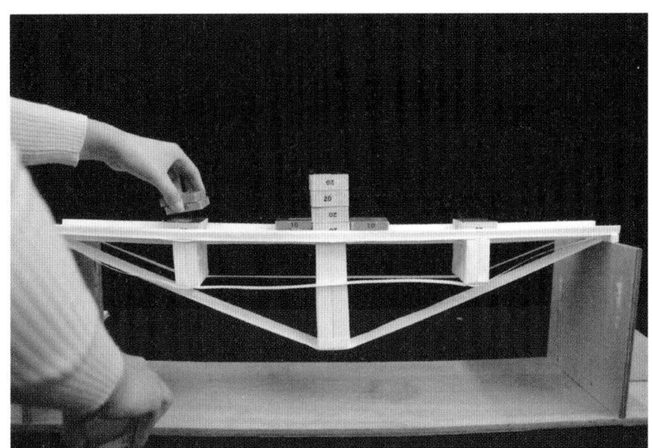

测试绘图纸制作的 80cm 长的桥的承重力

⑤ 大熊孝（1942-）

河川工学者。新潟大学名誉教授。东京大学大学院工学系研究科博士课程结业。工学博士。NPO 法人“新潟水边会”代表。参与自主电影《生活在阿贺》的制作等活动，倡导地域的自然和人们日常生活是不可分的。主要著作:《洪水和治水的河川史》（平凡社）、《自然河川、人造河川》（白杨社）、《思考日本的水坝》（岩波书店）、《创造地方性思想：有技术有自治》（农山渔村文化协会）等。

⑥ 震灾复兴桥梁

1923 年关东大地震灾后帝都复兴计划的一部分。隅田川上至今仍然存在的震灾复兴桥从下流开始分别是相生、永代、清州、两国、藏前、厩、驹形、吾妻、言问的九座桥。

⑦ 今井兼次（1895-1987）

东京出生。早稻田大学理工学部建筑学课毕业后，留校做助手，1937 年担任教授。1926 年远渡欧洲进行地下铁车站研究。当时他对高迪、厄斯特贝利、斯坦纳等人的建筑感动不已，并在日本对之进行介绍。知名高迪研究家。主要作品：早稻田大学图书馆（现今津八一纪念博物馆）、早稻田大学演剧博物馆、碌山美术馆、日本二十六圣人殉教纪念馆等。

越连带感的交流，大家的朋友圈在不断地扩大。入学一年级一起参与项目，到他们四年级时还保持着友谊，毕业后也在持续交流。如果是当地居民一起参与的活动，会发现大家慢慢凝聚在一起，有助于当地居民之间的互相交流。孩子和我们之间的关系，还有那些失去了的人与人之间关系，通过工作坊又重新产生链接了。所以学生对于参加型的学习非常感兴趣，有一种为社会作出贡献的成就感。看到成果也许是在 20 年、30 年以后了。

内藤　以前的 U 研究室[8]不就是类似的氛围吗？

丸山　从 U 研的时期开始一直延续到象设计集团[9]。大家都是同等的，提出各种的想法，然后很好地融汇在一起。所以工作坊并不是那么稀有的东西。在伊藤丰雄先生那里也常用这种方式，最后由他巧妙地整理在一起。那种方法也可以称作协同作业吧。

吉阪隆正用背影教育学生

丸山　我在大学的时候几乎没有好好跟着吉阪老师学习。内藤兄应该是经常待在研究室的学生吧。

内藤　不是。我也不太去的。和吉阪老师面对面说话也就总共两次。我上学的时候基本上都被关在门外的。研究生的时候吉阪老师的头衔有 30 多个，整天忙着东奔西走。虽然有几次深刻的谈话，但是在一起的时间真的很少。不过如果问谁是我的老师，毋庸置疑是吉阪啦。我想真正的教育者是不是以他的背影进行教育的呢？

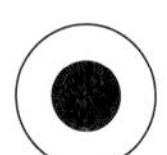

丸山　从那个角度来说吉阪老师并没有教过我们什么。U 研究室也是，大学也是。但是我们在看着吉阪先生工作时会不自觉地模仿、学习，在和他的谈话中得到启发，展开自己的想像。

内藤　我认为那才是真正的教育。照这样讲，我现在做的恐怕只是业余的教育。因为教得过多就会教出缩小复制出的自己。缩小复制出的人又会教育出更加缩小版的自己。教育应该是以教育出比自己更加高大的人为目的，也就是说如果不做扩印，世界就无法变得更好。如果自己是 100，那么可以教育出多少 120 的人来？我想这才是教育。吉阪先生那里就出了很多建筑方面、都市研究方面的学者等在各自的领域中比吉阪先生更为优秀的人才来。

丸山　是啊！吉阪先生没有教出缩小复制的自己，而是带给学生很深的影响。

内藤　所以我从不给学生说怎么做。自己经过思考得到的就是最终结论。告诉学生：形是你自己的东西。

内藤　您就像是吉阪先生远去的身影啊。

内藤　远远达不到的。我想恐怕连那位高人的百分之一都无法接近啊。

内藤　吉阪先生会轻松地说出建筑是爱这样的话来。这真是无法模仿的。我有时想真的是那样吗？内藤先生不是在《建筑的力量》中说纽约 9・11 事件震撼了风景和景观的根本吗？吉阪先生也曾不经意地说过和平是很重要的。有时我想试着说这样的话，却害羞地说不出口。

内藤　吉阪先生如果能再长寿一些，泡沫经济时期的后现代主义风向也许有另一种变化呢。他再能多活 10 年该多好啊。但是我认为丸山的教育也许超越了吉阪先生的教育。

丸山　这怎么可能？我达不到那个程度。

内藤　吉阪先生的有形学[10]也许就是这样的东西。

丸山　我的理念是其中的一部分，有没有达到有形学的一部分还很难说。

内藤　吉阪先生曾说没有语言的交流是形体上的交流。我感觉丸山兄所做的正是有形学的关键所在。

建筑能带给人们希望吗

和小朋友们一起用柳枝制作栅栏的工作坊

丸山 内藤兄的著作中曾介绍过哥伦比亚建筑家师罗杰里奥·萨尔莫纳[11]（Rogelio Salmona）。他认为通过建筑可以传递无法表达的东西，传递不可见的东西。这一点可能是吉阪先生所没有的。不用“和平是重要的”这样的语言或文字，学生怎么去表达照片也难以表现的东西或者批判性的思考？也许工作坊可以做得到。我一直希望这是一个让大家去思考建筑可以为世界做些什么的契机。

内藤 萨尔莫纳所背负的和我们远远不同，因为在哥伦比亚有很多人已经感到绝望了。每年发生6000件诱拐杀人事件的国家，就连出租车司机都知道萨尔莫纳。大家将希望和未来寄托在萨尔莫纳这位建筑师的身上。由此我们知道寄托希望于建筑是怎样一回事。如果处在乱世，吉阪先生这样的人一定也会成为萨尔莫纳那样的存在。遗憾的是吉阪先生最活跃的时代在经济高度成长期。那样的时代让大家难以看清吉阪的存在。

丸山 纽约“9·11”的时候我正在美国授课。当时大多数美国人向民族主义靠拢。这让我感到了危险，所以渐渐从美国的教学中抽身而出。如果我们不保持站在另外一方的角度考虑问题，和平终将难以到来。

内藤 现在世界发展到了峡谷期。苏珊·桑塔格[12]曾在书中说，波斯尼亚战争时期在保卫网中表演《等待戈多》，因为那里有希望。她的思考方式让我感到希望最终将寄托于建筑之上。我想非语言的交流是建筑被赋予的使命。温暖的东西是温暖的，冰冷的东西是冰冷的。看了丸山先生以往所做的工作就能感受到这一点。作为人，无论谁都会了解。我感觉这和吉阪先生的有形学也是相关的。

丸山 现在我正在计划在非洲乌干达为孤儿建一所小学校。也用工作坊的方式。那么，在日本我们可以做些什么呢？可以进行的活动就很受限制了。

内藤 像这样的建筑到现在为止一共做了多少呢？

丸山 很少。乌干达的学校，在中国帮助少数民族建设的学

用铁丝固定圆木

制作版筑墙壁

⑧ U研究室

吉阪隆正主要负责的设计团体，1964年由“吉阪研究室”改名为“U研究室”。事务所设在新宿区百人町吉阪宅旁的小屋里。在这里诞生了包括大学研究所在内的诸多名作。

⑨ 象设计集团

1971年由富田玲子、樋口裕康、大竹康一、重村力、有村桂子共同创立。1988年增设台湾事务所，1990年增设北海道十胜事务所。主要作品：今归仁中央公民馆、名护市政厅（丸山的Atelier Mobil协作设计）进修馆、笠原小学校、用贺散步场、台湾·宣兰县政府等。著书：《爱上空间》（工作舍）、《小建筑》（MISUZU书房）

⑩ 有形学

吉阪隆正在1960-1962年之间受聘于阿根廷的大学时思考出的独特文明观和世界观。将有形学定义为“怎样用具体的形表现人类诸多的欲望及各种各样的倾向，然后将形本身的性格、法则科学化。从这找到药物，斩断横行霸道的病根。”相对生态学的对人和自然适应关系的探究，有形学提倡在此之上清晰人工环境应有的发展方向。详细请参考《吉阪隆正全集13: 有形学》（劲草书房）

校，在墨西哥帮助不法占据者建设房屋，等等。不仅仅提供资金，而是在不同的国家年轻人和当地居民一起流汗，这样世界至少会变得好一点。必须有人去持续不断地说，持续不断地做。如果说这样的建筑外形怎样都可以，那可就麻烦了。如何进行能让大家一起建造出温暖人心的建筑呢？这正是建筑的力量。如果没有这一点就失去了建筑师存在的意义。

内藤　我在 30 岁的时候有了想退出菊竹事务所的想法，当时找吉阪先生商量的时候就问：“老师在我这个年龄都在考虑什么问题呢？”他说：“我在你这年纪已经有了从事教育的想法。所以不管丹下（健三）怎么做我都不在乎。不顾一切。”吉阪先生曾经参加过二战，但是他从不提及那段经历。从战争回来的人都会悟到一些东西，其中一个就是像阿波罗一样创建新的社会。到达不了这个高度的人会以思考怎样教育下一代为最高目标。我想吉阪隆正先生也是那样的。我记得是住院 3 天前的事情。我觉得这个话一定要传下去。

丸山　内藤先生在东大的地位很有意思啊。从景观、土木涉入设计领域。

内藤　是筱原修把我叫到东大的，他说“我这不是花了 10 年时间把作为建筑师的内藤毁了吗”，见三次面肯定会说一回。

丸山　必须有谁站出来，不然就不会有改变的。

内藤　我刚刚进来的时候，建筑、土木、都市工都是相互独立的。几乎没有任何交流。所以世界才会变得这么奇怪。现在这些都在一起教。联系各个学科的目的是达到了。我基本上是在东大实践从吉阪先生那里学到的精神。

丸山　东大变得通风了，20 年后一定会有优秀的政府官员。内藤先生的学生也是进入国土交通省吗？

内藤　去年一个人去了经济产业省，一个人去了环境省。进经产省的学生的研究生论文是人口稀少地区的边际村落。到边际村落采访老奶奶的学生进入了经产省。研究尾濑沼的学生进入了环境省。建筑和土木以广义来说做什么都可以。就是把物和人怎么联系在一起的学问。懂技术，也了解一些经济，最好具备了解人的心理的能力。如果具备这些素养什么都能做。宏观上是都市和土木，在生活层面上就是建筑。所以从稍稍不同的世界学习建筑、土木的话，一定能在社会中发挥他的价值。

丸山　上过我的课的学生后来有做木匠、左官、建筑工人、内装工匠、舞台美术家、绘本作家、木雕师的。

内藤　工作坊的效果有点过头了吧（笑）。

丸山　真的改做木匠了也是好事吧。在四年级的共同设计的课程上，有学生抱怨：“老师问什么不在一年级的时候教给我们这些呢？”已经四年级了，一边联系就职一边参加我的工作坊大开眼界，决定改变人生方向。我深深感受到自己的责任重大啊（笑）。

内藤　社会不景气的今天，职业工匠依然可以生存下去。我觉得比建筑师更有出路。听到这些真觉得大学的建筑教育应该改变。我也受邀请在其他院校教课，差不多该坦白地向大家说现在的建筑教育在根本上是错误的。

丸山　必须得有人来说呀。我说和现今的东大教授来说影响完全不同。大家一定会思考这个问题的。

内藤　因为现状很奇怪嘛。我自己回头看看，大学什么都没学到啊（笑）。

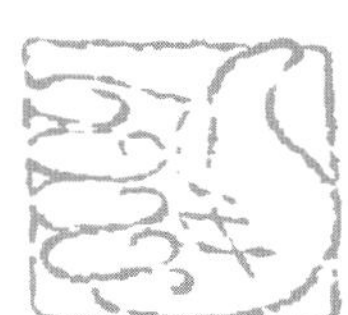

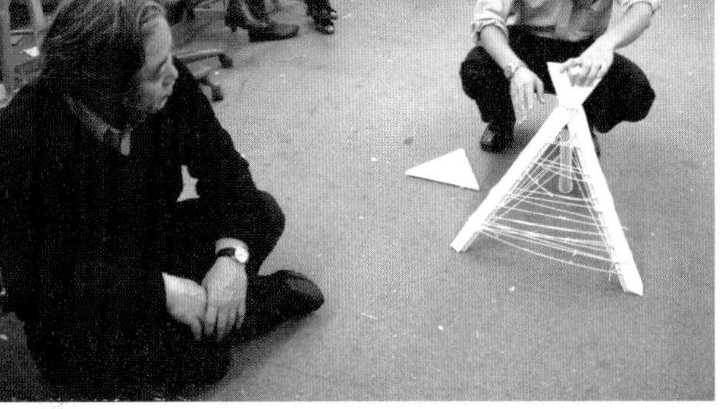

课堂上和学生保持同样视点的内藤先生

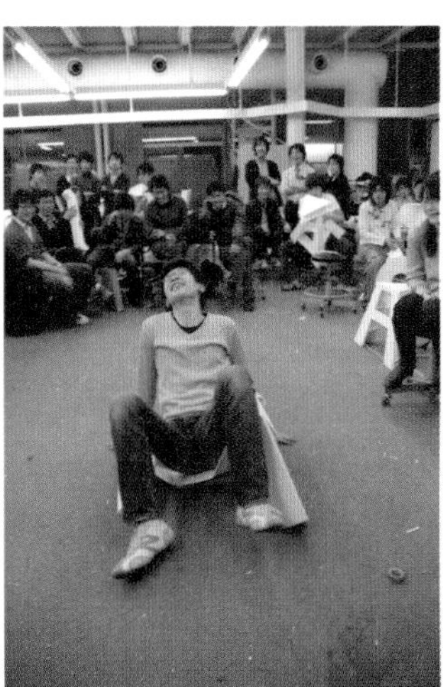

坐在自己制作的 45cm 高的椅子上，没倒下之前还在欢呼……

⑪ 罗杰里奥·萨尔莫纳

（Rogelio Salmona 192-2007）

巴黎出生。幼年移居哥伦比亚。1948 年内乱时移居巴黎，进入柯布西耶工作室。1957 年回到哥伦比亚。受到北非、西班牙南部的传统建筑以及南美固有文化启发，开始了自己的建筑设计。2004 年获得阿尔瓦·阿尔托奖。罗杰里奥在做建筑师的同时，还勇于攻击哥伦比亚残留的阶层差异，致力于贫民阶层的生活改善。作品可参照《a+u》（2008 年 3 月）。

⑫ 苏珊·桑塔格

（Susan Sontag 1933-2004）

文学家、艺术评论家。美国出生，第二代东欧犹太移民。直至临终仍然深刻思考社会问题和人类行为并不断发表言论，是美国文化界的代表人物。主要著作有《论摄影》《反对阐释》《激进意志的风格》等。

合上书，动起手来

“基础造型讲座上遇到的丸山先生是我认识的第一位职业建筑师。”每当我这样说的时候，认识丸山先生的人都会开玩笑说：“那你真是不走运啊！”就像一位初次攀登富士山的登山者不了解情况选了一条最艰险的路，有经验的人既吃惊又劝慰地感叹一句。由此可见先生的厉害，有时就像烈性药一样聚集着无限感性和强大能量。像他这样不拘一格的建筑师确实少有。初学建筑的学生跟着丸山先生学习会有些吃不消，但这样的经历毫无疑问会带来丰厚的收获。

学习有直接经验和间接经验两种。不过，绝大多数人是在限定的时间里依靠书籍或影像的间接经验来学习的。特别是现在这个网络普及的高度信息化社会，更是间接经验的浓缩体。通过间接经验获得的信息越来越多，从效率方面和直接经验相比，更多的学生还是选择间接经验的方式。但是，没有声音、味道、心情、质感、手感、肌肤感等身体感觉的间接经验仅仅是在不断储存信息罢了。不用说大家都明白这种信息是片面的、歪曲的。

丸山先生的教育向欠缺身体感觉的学习拉响了警钟。训练用自己的手去摸、去试、去做、去画，调动所有的感官去感知事物。只有这样收获到的经验才能反馈到带有身体感觉富有生命力的创作。翻开这本书的读者，请一定不要停留在间接经验上，尝试着自己做一次。这样才能体现这本书的真正价值。

——早稻田大学艺术学校建筑设计科　加藤润一

“MARUKINN”的大肚腩

说起来我错就错在大学一年级必修科目设计演习 A 课程上遇到了丸山欣也。虽然他时而穿着瑞士国旗的大红 T 恤出现在课堂上，时而突然去法国不能上课，不过他在课堂上对学生总是灵活宽容，指导画面构成的基本原则时还会亲自动手认真示范。课堂上的那些奇思妙想，来源于他对待任何事物都抱有浓厚的好奇心和兴趣，以及不耻下问、积极学习的态度。

大学二年起，我开始参加大量的工作坊学习。从第一次飞越高山的旅行开始，四处旅行的每一天都像是走在山间小路上，心情愉悦。经历了两种不同的学习方式，原来主攻建筑学科的我开始对很多领域都抱有浓厚的兴趣，行动带给我无比的兴奋和愉悦。了解以开阔的视野客观看待事物的重要性，学会倾听不同想法和意见，经过重复协作产生的重叠及多面性带来灵光乍现的瞬间。这些让我意识到世界的丰富多样，只要谦虚的、大胆地付诸于行动，世界一定会变得更好。

往嘴里放各种东西（看）、吃得多（素描）、拉得多（制作）、弄得乱七八糟（留下记忆）的怪兽 MARUKINN，让他安静下来的只有那一时刻的“形”。留下大大的足迹，MARUKINN 还要走向哪里呢？看着 MARUKINN 带着什么都吃的大肚腩、腋下夹着他的速写本的背影，希望能有人受到鼓舞能带着这本书开始独自旅行。最后感谢为我们提供场地和机器的野泽善夫先生，以及提供给我们帮助的人们。

——早稻田大学建筑学科　渡边织音

行驶在银河铁道之前

造型教室“新空间教育”，缘于希望亚洲的建筑和园林从西方的设计思维方式中解放出来的理想，并希望能成为迈向这一目标的起点。

亚洲汉字文化圈跨越从极地到亚热带的不同气候风土，造就了各地域的多样性绘画、建筑、设计以及生活方式。然而在17–18世纪开始的殖民统治带来的西方文化以及资本主义消费经济、技术革命的影响下，生活中的传统造型在不断地消失。可以说这责任在于建筑师和设计师以及他们所受的教育。因为造型教育是融合了西方的看待事物的方式、历史观、美感的教育方式。不改变这一视点，教育的革新只能是空谈。

我们要思考比1920年代德国包豪斯开始的基础设计（basic design）教育的眼光更长远的、正确的东西。而这要从观察自然、学习自然体系中自然的造型开始。因为自然中的设计比人类经历了更久远的岁月，慢慢积累而成。它不同于流行，不带人为的意图，是正确的造型活动。

2001年在早稻田大学等学校开始的基础设计实验教学持续了10年时间，作为总结的《形剧场》一书于2010年在日本出版了。此后，在法国的格勒诺布尔建筑学校等学院，每年定期开展名为“土的祭典”的工作坊活动。一次活动中偶遇穆钧教授，他邀请我来西安教学。在2013年槐花盛开的季节，我来到西安建筑科技大学，与刘克成教授相遇。基于对追求新教育的共鸣，我开始在刘教授设立的实验班教授基础设计课程。

如果能在本书的基础上，增添中国传统的形、空间、景观、自然观，展开中国的亚洲造型感觉，将是我无比的荣幸。在出版之际，我要感谢给予成书机缘的原西安建筑科技大学建筑学院院长刘克成教授，以及在教学中积极配合的吴瑞王毛真夫妇，担任翻译和设计排版的任华王蕾夫妇，给予热情帮助的研究生院的学生们，还有辛苦付出的学苑出版社的任彦霞女士。

—— 丸山欣也

发现空间

“空间”对于一年级的建筑学学生来说既新鲜又神秘。即使我们每个人无时无刻都生活在“空间”里，即使老师一直灌输给学生空间设计是建筑设计的本质，可是在认识和学习“空间”的过程中，我们却总是觉得抽象和陌生。

丸山欣也老师的课程为我们建筑设计入门阶段的空间认知训练打开了一扇窗。我们需要耐心仔细地观察大自然，一棵大树，挺拔的躯干，婀娜的枝杈，纷繁的树叶…大自然已将一切的美好赋予我们眼前，空间也不例外。我们需要做的只是改变视点，换一个角度重新观察我们曾经熟悉的世界，就会发现原来最美的空间就在那里——树枝的空间、树叶的空间、石头的空间……

“空间”从一个抽象的、难以描述的词汇变成了生动的，随时发生在我们身边的一个个鲜活的故事，等待我们去发现与想象。丸山先生的课程设计为学生与老师的专业交流找到了一种平等的对话方式，基于感官的认知、视角转变、想象提取、诗意的表达，最终让每一个学生带着对空间足够的兴趣进入到了今后的学习中。

——西安建筑科技大学建筑学院　王毛真

伟大而平凡

丸山欣也教授是一位会让我热泪盈眶的老者。当我成为丸山教授的课堂授课助理时，跟随他生命的足履游历他丰富而广袤的学术与人生世界的过程中，我尊敬他、信任他、被他感动、被他鼓励、被他的思想吸引，被他的行为深深触动，多种情感交织其中。

常年奔走于亚洲、欧洲、北非沙漠，在中国西北教课的丸山教授有些像一位传教士，对当地提供的生活条件从不抱怨，谦卑自己，不给别人添麻烦，自己照顾自己，努力理解和适应当地的文化、习俗，传道授业解惑。我想一个古稀之年的人都会想要安定舒适的生活，能享受着这样全世界飞行漂泊的人一定心中有团燃烧的火。我不清楚那生命的内核是什么，但他却如火熊熊燃烧。

丸山教授的思想深度厚重，对建筑、规划、景观观念的认知都是世界相关领域内的前沿，但谈话中不强势，娓娓道来，俯就每个人，低的对话平台让任何人都可以跟他沟通。印象中他不像一个大师一样距离遥远、不可触摸，而是生命散发馨香之气，让人被这馨香所吸引、去靠近他，没有距离感和陌生感。我想能让人热泪盈眶的力量，是因为生命影响生命。

——西安建筑科技大学建筑学院　段婷

丸山剧场

丸山先生带着写生簿辗转于法国、中国、日本之间，不断地探索有关设计的新的可能。在他的眼里，生活中所有的一切都是可用的素材，一道风景、一盘美食、一句话，通过手、眼、大脑之间的不断运作呈现出独特的丸山图景。这些图景称不上杰出的素描作品，但是透过它可以看到画者经历过的、思考着的、感受到的。这是照相无法替代的人类特有的能力。看似简单的工作，执行在每一天的生活中成为一种习惯是常人无法做到的。这种坚持成就了丸山先生思维之活跃、观察之敏锐及其超强造型力。这种积累成为丸山宝库，让他可以像魔法师一样从背着的大背囊里随意抽出一个东西，瞬间变换出不可思议的图景来。

丸山先生说自己像云游四方的艺人，每到一处搭起舞台进行表演，结束了就收起来出发去下一站。他的表演是把观众都拉进来一起参与演出的表演，无论男女老少都可以找到自己的角色。近年来活跃的丸山工作坊通过当地居民共建的形式，从设计到施工大家共同完成。带领大家画草图、收集加工材料、互相协作完成搭建，参与者体验到了极为朴素却带来强烈成就感的亲手制作的巨大快乐。设计不再只是某一领域的职业能力，也是热爱生活的人们感受大自然、挖掘身体潜能、加深人们内心链接的途径。

——西安建筑科技大学建筑学院　任华

图版引用出处一览

第2幕：***THE LANDMARKS of SCIENCE***, Leonard C.Bruno, Facts On File, 1988 / ***THE EARTH SPIRIT Its Ways Shrines and Mysteries***, John Michell, Thames and Hudson, 1989 / ***LA DÉCOUVERT DE LA TERRE***, LAROUSSE PARIS -MA, 1963 / ***The Monumental Impulse ARCHITECTURE'S BIOLOGICAL ROOTS***, George Hersey, The MIT Press, 2001 / ***THE INTERNATIONALBOOK OF WOOD***, Martyn Bramwell, Mitchell Beazley, 1976 / ***The Scientific Image-From Cave to Computer***, Harry Robin, W H Freeman & Co (Sd), 1993 / ***DAS ALPHABET DIE BILDWELT DER BUCHSTABEN***, Joseph Kiermeier-Debre,others, RAVENSBURGER BUCHVERLAG, 1995 / ***THE DISCOVERY OF THE WORLD***, Albert Bettex, Thames and Hudson, 1960 / ***PLANTS IN GARDEN HISTORY***, Penelope Hobhouse, PAVILION, 1992 / ***THE TREE OF LIFE***, Roger Cook, Thames and Hudson / ***Worlds Within Worlds A Jorney into the Unknown***, Michael Marten, others, Clanose Publishers, 1977 / ***The Invisible Made Visible***, Ernest von Khuon, New York Graphic Society, 1968 / ***Lightweight Structures in Architecture and Nature***, Frei Otto, IL Structures, 1983 / ***Nature as Designer A Botanical Art Study***, Bertel Bager, Frederick Warne & co, 1967 / ***Design as Art***, Bruno Munari, Penguin Books / ***Sun Garden VICTORIAN PHOTOGRAM***, Anna Atkins, Apertur, 1983 / ***LE GRAND LIVRE DU SOLEIL***, Joseph Jobe, office du livre, Fribourg, 1973 / ***Simulacra Faces and Figures in Nature***, John Michell, Thames and Hudson, 1979 / ***LEQUEU AN ARCHITECRTUAL ENIGMA***, Philippe Duboy, The MIT Press, 1986 / ***L'ARCHIMBOLDO DEI MESTIERI Nicolas de Larmessin***, Stefano Benni, Mazzotta, 1979 / ***ASPECTS OF FORM***, L.L.Whyte, LUND HUMPHRIES, 1968 / ***A Guide to the STONECIRCLÈS of Britain***, Ireland and Brittany, Aubrey Burl, Yale University Press, 2006 / ***CELTIC MYSTERIES The Ancient Religion***, John Sharkey, Thames and Hudson, 1975 / ***Hafurgeschichie Mineralogie***, Dr.Schubert, 1880 / ***PIRANESI***, Giovanni Battista, Tashen, 2001 / ***A DIDEROT PICTORIAL ENCYCLOPEDIA OF TRADES AND INDUSTRY***, Denis Diderot, Dover Publications, 1993 / ***Atlantis***, Geoffrey Ashe, Thames and Hudson, 1992 / ***The GREAT NATURALISTS***, Robert Huxley, Thames and Hudson, 2007 / ***Animal Architecture***, Karl von Frisch, A Helen and Kurt Wolff Book, 1974 / ***INVENTEURS & DÉCOUVERTES***, Albert Bettex, Hachette, 1967 / ***LA LETTRE ET L'IMAGE***, Massin, GALLIMARD, 1993 / ***MODE***, Gillo Dorfles, G. Mazzotta, 1979 / ***MASTERPIECES OF ARCHITECTURAL DRAWING***, Helen Powelland & David Leatherbarrow, RIBA Drawings Collection, 1912 / ***SHELTER***, Lloyd Kahn, Shelter Publications, 1973 / ***The Art of the Engineer***, Ken Baynes and Francis Pugh, Lutterworth Press, 1997 / ***THE SCIENCE OF ART***, Martin Kemp, Yale University Press, 1992 / ***ENVIRONMENTAL DESIGN PRIMER***, Tom Bender, Shocken Books, 1976 / ***CELTIC DESIGN KNOTWORK The Secret Mwthod of the Scribes***, Aidan Meehan, Thames and Hudson, 2002 / ***THE FRACTAL GEOMETRY OF NATURE***, Beniut B.Mandelbrot, ***W.H.FREEMAN AND COMPANY***, 1977 / ***SUFI***, Laleh Bakhtiar, Thames and Hudson, 1976 / ***A HISTORY OF THE MACHINE***, Robert Soulard, 1963 / ***AUTENTIC DECOR THE DOMESTIC INTERIOR***, Peter Thornton, Times Books, 1985 / ***THE ART OF AUDUBON The Complete Birds and Mammals***, John James Audubon, Dimes Book, 1979 / ***THE MYSTIC SPIAL***, Jill Purce, AVON, 1979 / ***The Anatomy of Architecture***, Suzanne Preston Blier, The University of Chicago Press, 1995 / ***power of plants***, Brendan Lehane, McGRAW-HILL BOOK, 1977 / ***FORM FUNCTION AND DESIGN***, Paul Jacques Gillo, Dover Publications, 1975 / ***THE SCINCE OF ART***, Martin Kemp, Yale University Press, 1992 / ***KARL FRIEDRICH SCHINKEL ARCHITEKTURZEICHNUNGEN***, Gottfried Riemann, Henschel Verlag, 1991 / ***IL MONDO NUOVO***, Carlo Alberto Zotti Minici, Mazzotta, 1988 / ***MASTERPIECES OF ARCHITECTURAL DRAWING***, Helen Powell &David Leatherbarrow, Abbeville Press, 1983 / ***Envisioning Information***, Edward R.Tufte, Grapic Press, 1991 / ***Childen's TOYS throughout the age***, Leslie Daiken, Spring Books, 1965 / ***SIR JOHN SOANE'S MUSEUM***, Peter Thornton & Helen Dorey, Laurence King, 1992 / ***Description de l'Egypte***, Napoleon Bonaparte, Benediki Taschen, 1994 / ***DIDEROT ENCYCLOPEDIA***, Arnoldo Mondodori Editore, ABRAMS, 1978 / ***ALBUM OF SCIENCE***, L.Bernard Cohen, CHARLES SCRIBNER'S SONS, 1982

第3幕：***Sol Power The Evolution of Solar Architecture***, Sophia and Stefan Behling, Prestel, 1996 / ***The PRODIGIOUS BUILDE***, Barnard Rudofsky, Harcuw Brace Jovonorich, 1977 / ***BAMBUSA GUADUA***, Marcelo Villegas, Villegas Editores, 1989 / ***A HISTORY OF SHIPS AND SEAFARING***, Courdandt Canby, 1963 / ***A DIDEROT PICTORIAL ENCYCLOPEDIA OF TRADES AND INDUSTRY***, Denis Diderot, Dover Publications, 1993 / ***Athanasius Kircher***, Joscelyn Godwin, Thames and Hudson, 1979 / ***A HISTORY OF LANDTRANSPO***, Maurice Fabre, 1963 / ***Primitive Architecture***, Enrico Guidoni, Electa/RIZZOLI, 1987 / ***my house, my paradise***, Gustavo Gili Galfchi, Gustavo Gili, 1999 / ***HISTOIRE DE LA MODE***, Maurice Fabre, 1965 / ***ABERRATIONS***, Jurgis Baltrusaitis, The MIT Press, 2008 / ***The Medieval Garden***, Sylvia Landsberg, British Museum Press, 1999 / ***ART FORMS IN NATURE***, Ernst Haeckel, Dover Publications, 1974 / ***THE HISTORY OF INVENTION***, Trevor I.Williams, Facts on File Publications, 1987 / ***THE ENCYCLOPEDIA OF SIGNS AND SYMBOLS***, John Laing & David Wire, Studio Editions, 1995 / ***A pictorial survey of visual signals***, Germano Facetti & Alan Fletcher, Studio Vista, 1971 / ***PUZZLES***, Jerry Slocum & Jack Botermans, Washington Press, 1987 / ***ROBERT FLUDO***, Joscelyn Godwin, Thames and Hudson, 1979 / ***A HISTORY OF FLIGHT***, Courtlandt Canby, 1963 / ***HISTOIRE DES HOMMES VOLANTS***, Jacques Thyraud, ALBIN MICHEL, 1977 / ***Games of the World***, Frederic V.Grunfeld, Holt,Rinehart and Winston, 1975 /『古典折り紙』佐久間八重女著　平凡社　1981 (p178 10-2/10-5)

◎照片提供

北田英治、小松義夫、天童木工、田中厚子、山下和正、東京大学・景観研究室、丸金支援团

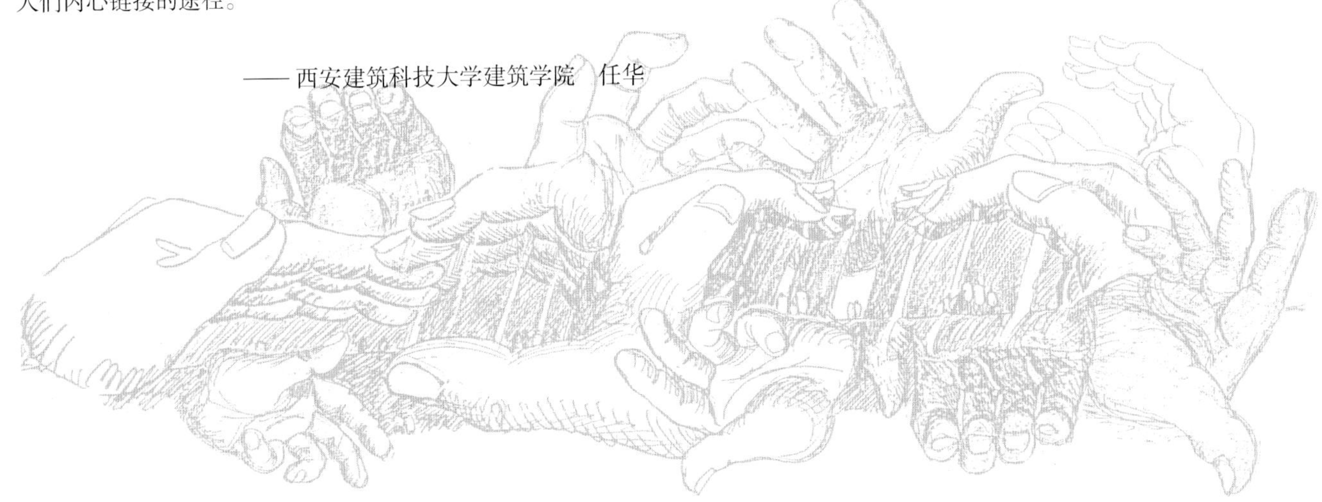

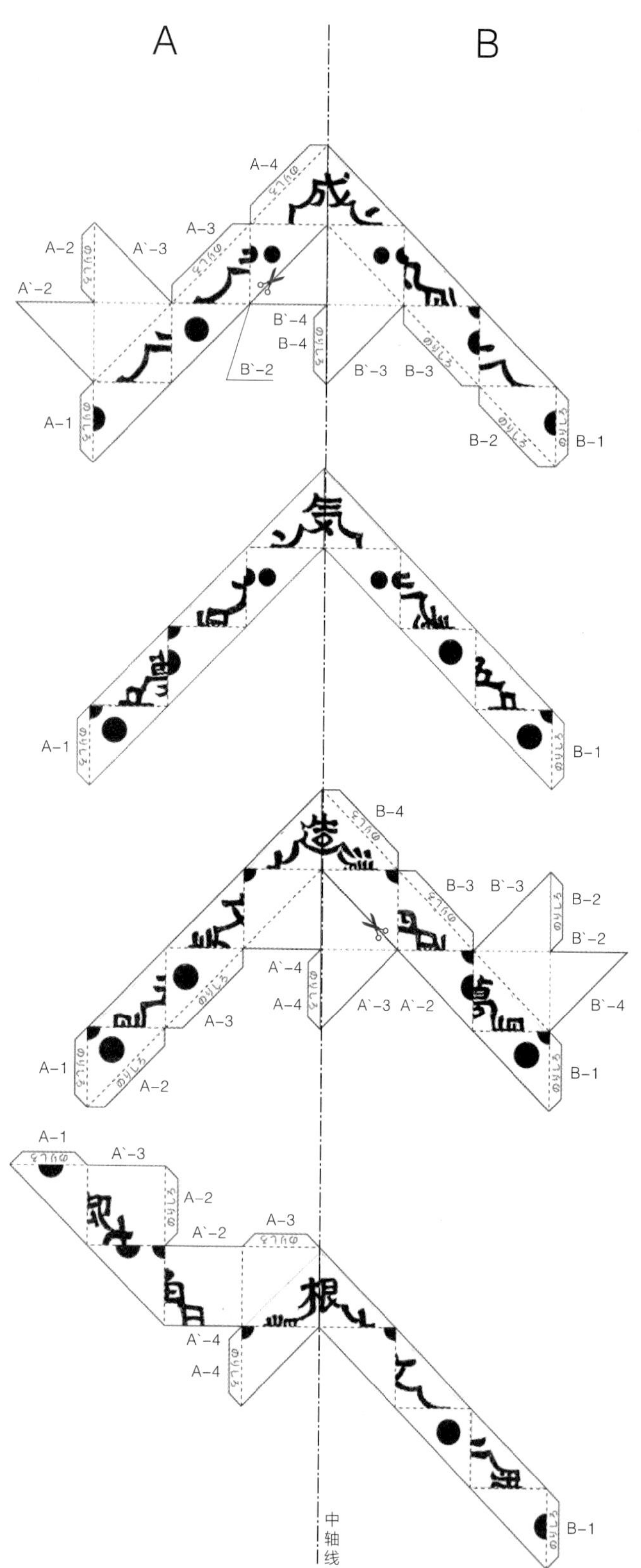

附录

exhibition

啪啦啪啦
通通透透
多面骰子

构成世间万物的原子和分子是用肉眼无法辨认的，不过我们可以通过制作模型来呈现。在这里我们做一个由 6 个正方形和 8 个三角形构成的十四面体的结构。打开十四面体可以看到隐藏着的八面体和立方体等。再展开翻到背面能看到一个新的十四面体。展开后有打散的四字成语，骰子的点数也跟着变化。按照彩图将正背色调分开，各个面分别着色，展现出内与外以及各部分之间不断变化的关系。就像进入原子、分子内部构造一样的万花筒般的空间。

*

一	气	**火**	成
二	人	**七**	脚
三	人	文	**寿**
四	面	**丸**	角
五	里	**梦**	中
六	根	清	**造**

裁切线 ————————————————

山折线 - - - - - - - - - - - - - - - -

谷折线 -·-·-·-·-·-·-·-·-·-·-·-·-·-·-

A B

1组

2组

3组

4组

步骤

① ～ ④

步骤

⑤ ～ ⑦

制作方法

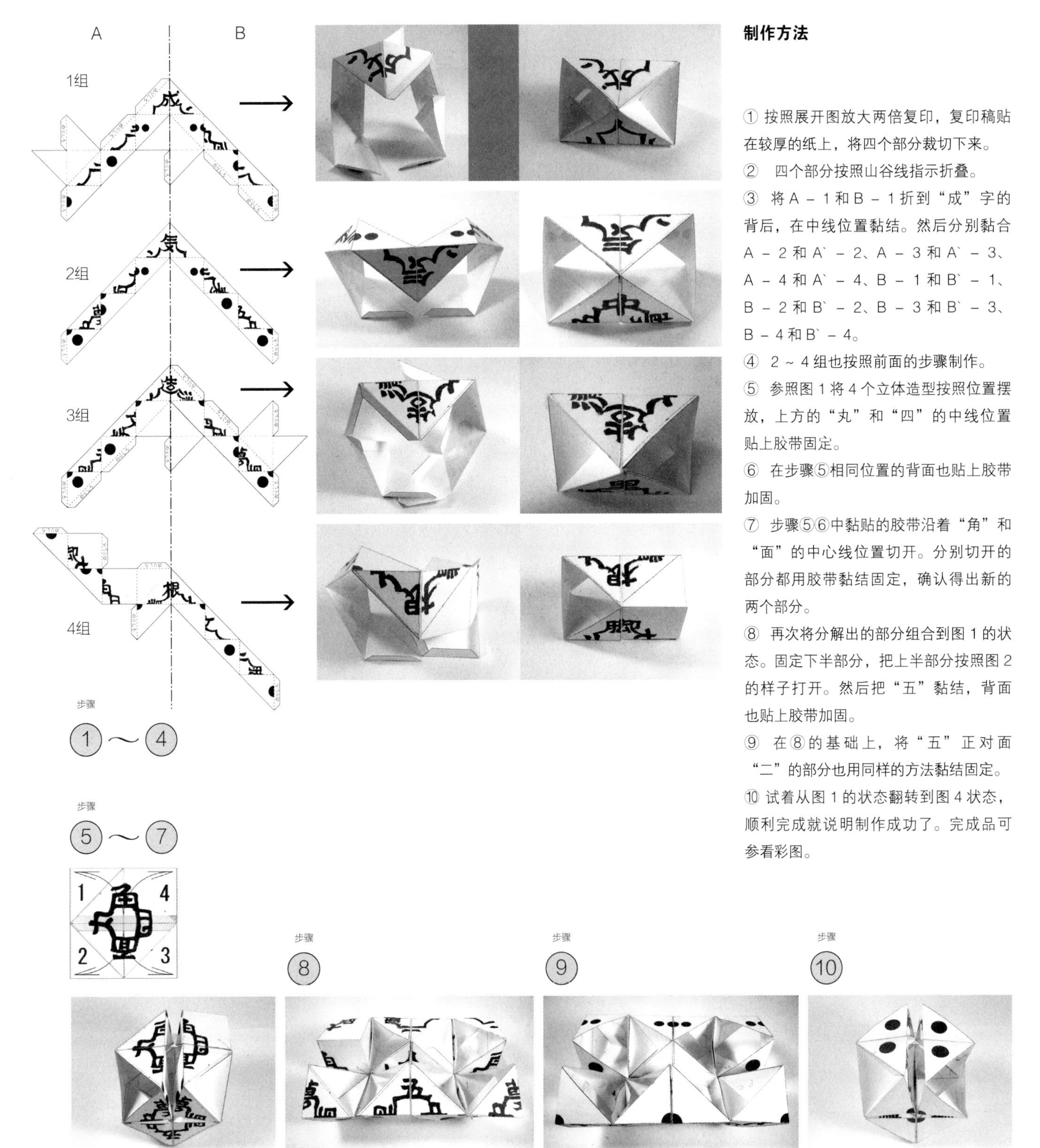

① 按照展开图放大两倍复印，复印稿贴在较厚的纸上，将四个部分裁切下来。

② 四个部分按照山谷线指示折叠。

③ 将 A－1 和 B－1 折到“成”字的背后，在中线位置黏结。然后分别黏合 A－2 和 A`－2、A－3 和 A`－3、A－4 和 A`－4、B－1 和 B`－1、B－2 和 B`－2、B－3 和 B`－3、B－4 和 B`－4。

④ 2～4 组也按照前面的步骤制作。

⑤ 参照图 1 将 4 个立体造型按照位置摆放，上方的“丸”和“四”的中线位置贴上胶带固定。

⑥ 在步骤⑤相同位置的背面也贴上胶带加固。

⑦ 步骤⑤⑥中黏贴的胶带沿着“角”和“面”的中心线位置切开。分别切开的部分都用胶带黏结固定，确认得出新的两个部分。

⑧ 再次将分解出的部分组合到图 1 的状态。固定下半部分，把上半部分按照图 2 的样子打开。然后把“五”黏结，背面也贴上胶带加固。

⑨ 在⑧的基础上，将“五”正对面“二”的部分也用同样的方法黏结固定。

⑩ 试着从图 1 的状态翻转到图 4 状态，顺利完成就说明制作成功了。完成品可参看彩图。

图1

步骤

⑧

图2

步骤

⑨

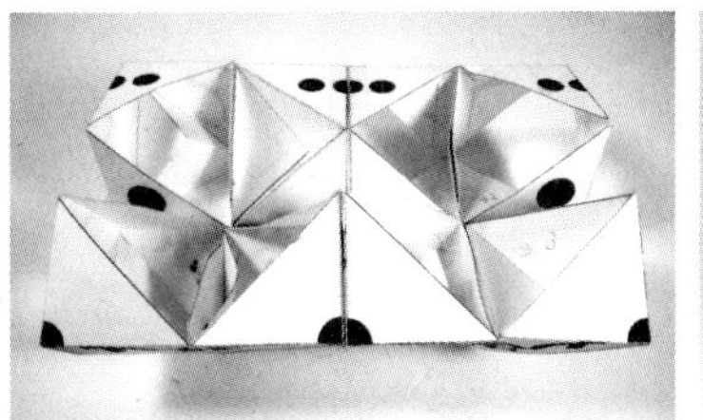

图3

步骤

⑩

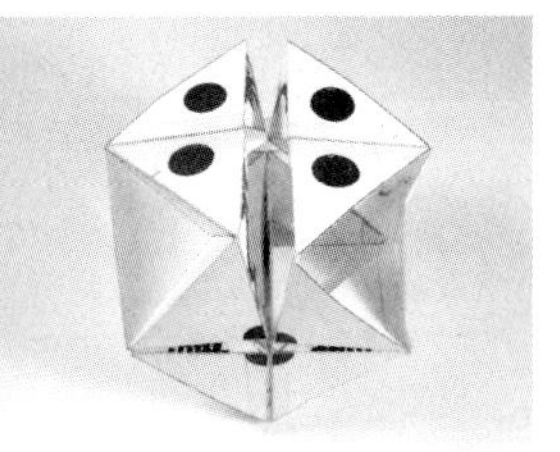

图4

作者简介：

丸山欣也（Kinya MARUYAMA）

1939 年出生于东京。1964 年早稻田大学理工学部建筑学课研究生毕业。1964 – 1967 年，在瑞士建筑事务所工作。1968 年设立设计事务所 Atelier Mobile。NPO 法人有形设计机构运营委员长。1969–2009 年早稻田大学客座讲师、早稻田大学艺术学校客座教授。近年来，在法国、乌干达、摩洛哥等地积极举办工作坊。主要的建筑作品有：今归仁村中央公民馆、名护市市政厅（日本建筑学会赏）、智障人士设施茜园、风之子保育园、RESONATE CLUB Kuju（甍赏 · good design 赏）等。

译者简介：

任华（Ren Hua）

1998 年毕业于西安联合大学视觉传达专业，1999 年赴日本京都留学，2006 年获得京都造型艺术大学空间演出设计硕士学位，2007 年回国任教，现为西安建筑科技大学建筑学院教师，西安市明清皮影艺术博物馆馆长。

王蕾（Wang Lei）

1999 年毕业于西安联合大学视觉传达专业，2000 年赴日本京都留学，2007 年获得京都造型艺术大学艺术文化研究硕士学位。

新空间教育

著者：丸山欣也

编订：春井裕、松井晴子

翻译兼编订：任华、王蕾

装帧设计：任华

图书在版编目（CIP）数据

新空间教育 : 丸山欣也造型教室 /（日）丸山欣也著；任华，王蕾译．—北京 : 学苑出版社，2016. 10

ISBN 978-7-5077-5117-8

Ⅰ．①新… Ⅱ．①丸… ②任… ③王… Ⅲ．①建筑设计—研究 Ⅳ．① TU2

中国版本图书馆 CIP 数据核字（2016）第 254896 号

责任编辑： 任彦霞

出版发行： 学苑出版社

社　　址： 北京市丰台区南方庄 2 号院 1 号楼　100079

网　　址： www.book001.com

电子邮箱： xueyuanpress@163.com

联系电话： 010-67601101（销售部）、67603091（总编室）

印 刷 厂： 北京画中画印刷有限公司

开本尺寸： 889mm × 1194mm　1 / 16

印　　张： 15

字　　数： 120 千字　600 幅图

版　　次： 2017 年 3 月北京第 1 版

印　　次： 2017 年 3 月北京第 1 次印刷

定　　价： 88. 00 元